"十三五"普通高等教育本科规划教材

21世纪全国高等院校材料类创新型应用人才培养规划教材

功能材料专业
教育教学实践

梁金生　丁　燕　编著

北京大学出版社

PEKING UNIVERSITY PRESS

内 容 简 介

本书全面介绍了河北工业大学功能材料专业能源与环境材料特色的形成和发展过程，以及面向国家战略性新兴产业重大需求进行学术研究与创新型人才培养一体化发展的人才培养模式、教育教学方法，可为兄弟院校功能材料专业以及战略性新兴产业相关专业教育教学工作同人在学科专业建设中提供参考，促进更深层次的教育教学研讨和交流。全书共分6章，全面系统地阐述了功能材料专业教育教学理念、人才培养模式、培养目标、专业教育教学方法等。

本书可为高校教师和学生的教学研究及专业学习提供参考。

图书在版编目(CIP)数据

功能材料专业教育教学实践/梁金生，丁燕编著 . —北京：北京大学出版社，2018. 2
(21世纪全国高等院校材料类创新型应用人才培养规划教材)
ISBN 978 - 7 - 301 - 28969 - 3

Ⅰ. ①功…　Ⅱ. ①梁…②丁…　Ⅲ. ①功能材料—高等学校—教材　Ⅳ. TB34

中国版本图书馆 CIP 数据核字(2017)第 303401 号

书　　　名	功能材料专业教育教学实践	
	GONGNENG CAILIAO ZHUANYE JIAOYU JIAOXUE SHIJIAN	
著作责任者	梁金生　丁　燕　编著	
策 划 编 辑	童君鑫	
责 任 编 辑	李娉婷	
标 准 书 号	ISBN 978 - 7 - 301 - 28969 - 3	
出 版 发 行	北京大学出版社	
地　　　址	北京市海淀区成府路 205 号　　100871	
网　　　址	http://www. pup. cn　新浪微博：@北京大学出版社	
电 子 信 箱	pup_6@ 163. com	
电　　　话	邮购部 62752015　发行部 62750672　编辑部 62750667	
印 刷 者	北京虎彩文化传播有限公司	
经 销 者	新华书店	
	787 毫米×1092 毫米　16 开本　14 印张　324 千字	
	2018 年 2 月第 1 版　2019 年 4 月第 2 次印刷	
定　　　价	45. 00 元	

前　　言

　　面对即将发生的新一轮科技革命和产业变革，我国将对能源环境材料创新科技和创新型人才产生重大战略需求。为此，我校于 2001 年 1 月批准建立了河北工业大学能源与环保材料研究所，并依托该研究所、材料科学与工程学科在国内外率先开始了能源与环境材料方向本科生和研究生培养工作。在此基础上，我校于 2010 年被教育部批准建设功能材料战略性新兴产业新增本科专业，并于 2011 年开始正式招收功能材料专业本科生，2012年我校功能材料专业纳入国家级综合改革试点建设本科专业计划。

　　国家在制定和修订战略性新兴产业发展规划中，一直把新材料作为重点产业发展方向。功能材料是新材料领域的重要分支，对我国未来的技术和经济发展将起到决定性作用。高等教育的培养方向应贴近科学发展的前沿，理工科的学科和专业设置更应适应经济发展的需求。基于此，我们在 21 世纪初就在材料学院学科体系建设中侧重新材料相关课程设置，并不断充实课程实践内容。本书对我校功能材料本科专业的人才培养模式、教育理念及培养目标、专业教育教学方法等展开了全面系统的阐述，将培养生态环境功能材料、新能源材料等战略性新兴产业科技创新人才的专业特色，以及四位一体功能材料专业创新创业启蒙教育机制、产学研相结合服务地方经济建设专业模式、导师个性化指导与团队集体指导结合机制贯穿于教学过程中；介绍了新型课程体系搭建、高水平师资队伍建设、"技术与产业结合、技术与经济结合、技术与实践结合"三结合产学研实践基地创建、"学术交流、产业交流、技术交流"三交流平台建立的构建过程，实现了高水平科研与人才培养一体化发展，并在教学实践中反复改进和充实，取得了很好的人才培养效果。

　　撰写《功能材料专业教育教学实践》这本书，是将多年来功能材料专业从无到有的创建过程以及高等教育专业人才培养模式探索的经验展示出来与大家共享，旨在为功能材料专业以及相关理工科专业的同人在学科建设中抛石探路，展开更深层次的研讨和交流，也试图为高校教师和学生的教学研究及专业学习提供参考。

　　本书共分 6 章。第 1、2 章叙述了功能材料专业建设发展历程，在确定的专业教育理念与培养目标下，全面介绍了高水平师资队伍建设和新型课程体系设置。此外，还对功能材料专业教学和课程体系中融入创新创业教育环节重点进行了阐述，充分体现授课内容、方式手段的多样化，重在首创精神和创新思维的培养，学生创新能力显著提高。第 3 章重在对教学管理规章制度健全、教学质量标准明确、教学运行监控到位等措施手段的说明，很好地保证了教学工作的有序进行；第 4～6 章对学生的典型课程作业、课程实验报告、实习报告进行了展示，同时还汇集了学生进入教师科研项目组后所撰写的学术论文与研究报告、申请国家专利、参加科技竞赛活动、成功创办企业等典型事例。

在本书的编写过程以及 16 年的教育教学改革实践中，得到河北工业大学材料科学与工程学院及学校本科生院各级领导的鼎力相助以及功能材料系全体教师的通力协作，值此一并表示衷心的感谢。

由于编者水平所限，存在的纰漏和不足之处恳请读者批评指正，我们将不胜感激。

梁金生　丁燕

2017 年 11 月于河北工业大学

目　　录

第 **1** 章
绪　　论

进入 21 世纪，随着全球能源短缺和环境污染状况加剧，发展能源环境材料高新技术产业已成为我国重大战略急需。为此，我校于 2001 年依托批准成立河北工业大学能源与环保材料研究所、材料科学与工程学科，在国内外率先开始招收能源环境材料方向本科生和研究生培养工作。2010 年学校申请了国家战略性新兴产业新增本科专业，并获教育部批准建设功能材料专业，2011 年首次招收功能材料专业本科生，2012 年功能材料专业被纳入国家级综合改革试点建设专业计划。经过十余年建设和发展，河北工业大学已经形成了能源与环境材料特色功能材料专业本—硕—博—博士后完整人才培养体系。截至 2017 年，已为我国能源环境材料产业培养了 1000 余名本科毕业生。

1.1　河北工业大学功能材料专业建设发展历程

河北工业大学功能材料专业经过 16 年的艰苦研究和大学生培养教育实践，厘清了国家战略性新兴产业功能材料领域复合型创新型人才培养理念，确立了"道德素养高、创新与创业能力强、学术与产业交流能力强"的能源环境材料复合型产业技术创新型人才培养目标，通过"创建四位一体的功能材料专业创新创业启蒙教育机制、创建新型课程体系、建设高水平师资队伍、创建'四结合'产学研实践基地、建立科研与教学紧密结合机制、建立'三交流'平台、建立导师个性化指导与团队集体指导结合机制"等措施，实现了高水平科研与人才培养一体化发展，并在教学实践中反复改进和充实，取得了很好的人才培养效果。

1.1.1　初创期（2001—2010）

河北工业大学材料科学与工程学院由原材料科学与工程系、河北工业大学材料研究中心合并，于 1998 年 10 月建成。学院下设材料科学系、材料物理系、功能材料系、无机非金属材料系、材料成型与控制系、金工教研室、材料实验与分析中心，建有能源与环保材料研究所、信息功能材料研究所、金属材料研究所、铸造研究所；建有河北省新型功能材料重点实验室、生态环境与信息特种功能材料教育部重点实验室、材料物理与化学国家重点学科。材料科学与工程学科是河北省和天津市重点建设的世界一流学科，建有一级学科硕士点、博士点和博士后流动站。材料学科的学科优势和完整的人才培养体系，为能源与环境材料特色的"功能材料"专业创新型人才培养目标和培养方案的确立奠定了坚实基础。

针对人类社会即将面临的资源、环境问题，20世纪90年代日本东京大学山本良一教授提出了"环境材料"的概念。他提出在开发新材料时，既要有优异的使用性能，还要在材料的生产环节中使资源和能源的消耗最少、工艺流程中有害排放最少、废弃后易于再生循环，即材料在制备、使用和废弃的过程中必须保持与地球生态环境的协调性。因此，环境材料的研究思路是从环境协调的观点出发，研制出具有环境意识或与环境协调的新材料产品。结合我国社会经济发展实际，我们提出了生态环境功能材料的概念，主要研究利用天然矿产资源，开发环境污染防治功能材料和微环境调控功能材料及这类材料的制备技术、应用技术与评价技术。环境污染防治功能材料主要指可以改善水污染、大气污染、土壤污染等环境科学与工程领域基本环境问题的新型功能材料（简称环境功能材料）；微环境调控功能材料主要指可以调控研究对象局部环境质量的功能材料，如可以调控人、动植物微循环的有益健康的功能材料，以及改善工业燃烧系统能耗与排放的功能材料等。目前，生态环境功能材料及产品开发已经成为材料领域研究的新热点。世界上许多国家尤其是发达国家都非常重视生态环境功能材料理论的研究和发展。

"十五""十一五"期间，我国在生态环境功能材料领域取得了多项新成果，研究队伍不断壮大，一大批生态环境功能材料新兴产业不断形成，催生了中国仪表材料学会生态环境功能材料专业委员会、中国民营科技促进会离子技术专业专家委员会、中国建筑材料联合会生态环境建材分会、天津市硅酸盐学会生态环境功能材料专业委员会等多个国家（省部）级学会、协会组织；多次召开了关于"生态环境功能材料及应用"的主题论坛和专题论坛。例如，2009年在中国西安和韩国首尔成功举办了"2009生态环境功能材料及离子技术产业国际论坛"，会议论文集《Advance in Ecological Environment Functional Materials and Ion Industry》已在国际知名出版社（Trans Tech Publication）出版发行；2010年还成功举办了"第六届东亚功能离子技术应用国际论坛暨2010生态环境功能材料及产业国际论坛"；2010年举办了第七届全国功能材料学术大会（湖南长沙）。

资源、环境、材料是支撑社会可持续发展的重要基础，正确处理三者之间的关系，是我国生态文明建设的根本保证。京津冀及周边地区重化工业发达、生态文明建设形势严峻，随着生态环境功能材料科技的迅速发展，我国急需具有生态环境功能材料专业知识的复合型产业技术人才。但是，我国现有的材料科学与工程专业、环境科学与工程专业、能源专业等学科内涵和主要教育内容已经不能满足这一重大战略需求。生态环境功能材料涉及能源、环境和材料等多个学科的交叉与融合，大学生培养在国内、外没有成熟的培养模式供参考。为此，河北工业大学于2001年1月批准成立了河北工业大学能源与环保材料研究所，并依托该研究所、材料科学与工程学科、材料物理与化学国家重点学科，在国内率先开始了能源环境材料方向大学生的招生与培养工作。从此，我校生态环境功能材料教学科研团队教师就开始了"面向21世纪国家能源环境材料战略需求的创新型人才培养模式与实践"项目的研究探索工作。研究课题于2003年列入河北工业大学重点教学研究项目，经过深入研究和实践，完善了创新型人才培养模式的教学实践检验工作。该培养模式于2009年获得河北省优秀教学成果二等奖，2009年还被推荐申报了国家教学成果奖。按照这一培养模式培养的大学生可以掌握能源、环境、材料三个一级学科交叉与融合形成的基本理论知识体系及生态环境功能材料、新型能源材料等专门知识，具备复合型产业技术人才产生和成长的理论基础，满足国家发展循环经济及节能减排科技需求。2010 年河北工业大学申报生态环境功能材料国家战略性新兴产业新增本科专业，并通过教育部专家评审，教育部批准建设功能材料本科专业。

1.1.2　建设与发展期（2011—现在）

战略性新兴产业代表新一轮科技革命和产业革命的方向，是培育发展新动能、获取未来国际竞争新优势的关键领域。"十一五"期间，我国将节能环保、新一代信息技术、生物、高端装备制造、新能源、新材料和新能源汽车等七大产业列为重点发展的战略性新兴产业，并在"十二五"期间得到了快速发展。"十三五"时期是我国全面建成小康社会的决胜阶段，战略性新兴产业发展将大提速。在这一时期，材料产业将顺应新材料高性能化、多功能化、结构功能一体化、绿色化发展趋势，推动特色资源新材料可持续发展，以战略性新兴产业和重大工程建设需求为导向，优化新材料产业化及应用环境，提高新材料应用水平，推进新材料融入高端制造供应链，推动新材料产业提质增效。

根据未来 5～10 年新材料产业等战略性新兴产业发展趋势，具有光、电、磁、热、力、生物、环境等功能的功能材料产业将得到迅猛发展，国家对功能材料创新科技和创新型人才需求数量和质量将显著提升。

河北工业大学百余年来"工学并举"的办学思想传承以及国家发展战略急需，催生了我校对能源环境材料为特色的功能材料专业创新型人才培养模式的研究。同时，开始了系统全面的功能材料专业建设。

根据国家发展战略性新兴产业对复合型产业技术创新人才的属性要求，河北工业大学确定了功能材料专业创新型人才培养与建设的目标：以"建设创新型国家、培养创新型科技人才"为指导思想，针对新能源、节能与环保科技产业发展重大战略需求，以培养优良的思想道德素质和科学文化素质及创新、创业能力为主导，培养德、智、体、美全面发展，具有强烈竞争意识、创新精神和专业基础知识扎实、综合素质高、服务地方经济建设的功能材料专业复合型产业技术创新型人才；特别要重点培养学生的国际视野、国际竞争意识、国际竞争力，以及学术与产业交流能力；为地方经济建设、社会和科技的发展服务，把我校功能材料专业建成国内有重要影响的学科专业。

1.2　功能材料专业的教育理念与培养目标

河北工业大学依托材料科学与工程学科人才培养平台及国家重点学科优势，确立了面向国家能源环境材料战略需求的复合型产业技术创新型人才教育理念和培养目标。

1.2.1　教育理念

教育理念即教育方法的观念，是关于教育主体在教学实践及教育思维活动中形成的对"教育应然"的理性认识和主观要求。《教育部 2016 年工作要点》针对"要全面贯彻党的教育方针，紧紧围绕提高教育质量这一战略主题"指出："以立德树人为根本任务，优化高校人才培养机制，推动人才培养联盟建设，进一步完善实践教学体系，建设一批与行业企业共建的协同育人开放共享实践基地。"人才培养模式是高等学校为学生构建的知识、能力、素质结构，以及实现这种结构的方式，它从根本上规定了人才特征，并集中体现了教育思想和教育观念。

由高校教育发展规律可知，社会的发展决定高校教育的发展，高校教育必须反映和体现社会发展的客观要求，并对社会的发展起到促进作用。在新经济快速发展的现实中，高等教育可通过自身的知识与智力优势，直接和间接地为经济发展服务，经济价值得以充分彰显。受经济发展水平与高校教育规模等的制约，确立大众化和多样化的高校教育发展观是我国高校教育迎接新经济挑战的客观要求。因此要求高等教育应多样化，即培养适应社会和个人需求的各级各类人才，不仅要突出对前人知识的传承，更应注重创造性的培养。

发展和尊重学生的个性，在全面普通教育基础上，实施专业教育，教育要有助于每个学生的个性发展。学生的个性发展与普通教育和专业教育是相辅相成的，学生的个性发展是在全面发展的基础上的，高校教育中的普通教育就是以学生的全面发展为目的。但是全面发展的一个重要内涵是使每一个人的潜能得到充分的发展，而不是使所有人都达到同样的发展程度成为同一种模式的人，也不是使每个人的天赋得到均衡的发展，我们倡导的高等教育个性化，就是要使学生在接受普通教育的基础上接受专业教育，使其成为全面发展并具有个性的专业人才。

创造性是新经济时代人才必备的素质。当今知识总量快速增长，更新率加快，创造性不仅是我国传统高校教育所缺少的，也是与西方发达国家相比我国大学毕业生所欠缺的。我国的大学毕业生所掌握的知识是西方大学毕业生所比不了的，但是，大学毕业生在创造性和动手能力方面，我国却远不及西方，这是公认的事实。这不是我国的大学毕业生天生如此，而是我们的高校教育乃至整个教育缺乏创造性所致。

高校教育社会化的观念，要求高校教育要更多更广泛更直接地服务于社会，高等学校要成为社会重要的服务机构。但是，不是强调高校教育直接服务于社会的功能和高等学校成为社会性的服务机构，而是要求依据自身的知识和智力优势，提供与其身份相符的各种服务。

现代教育理念十分注重以人为本，以及教学的全过程及全方位，尊重和理解学生，充分开发潜能，培养他们自尊、自信、自爱、自立的积极向上精神，充分调动学习的积极性和主动性，促进学生在德、智、体、美、劳等方面全面发展，提升精神文化素养和生存发展能力。同时现代教育理念还强调教学过程是一种高度的创造性意识的培养，即是将知识向创造力的转变过程，通过点拨、启发、引导来训练学生的创造力，充分挖掘和培养创造性。在教学中，教师应充分调动教育主体的能动性，最大限度地开发学生内在的学习潜力和动力，以学生、活动和实践为中心，点燃学生的学习热情，使学生积极主动地进行学习。

河北工业大学是一所以工为主、多学科协调发展的国家"211工程建设"大学。学校坐落在天津市，并在河北省廊坊市设有分校，其前身是创办于1903年的北洋工艺学堂。河北工业大学是我国最早培养工业技术人才的地方高等院校之一，曾创办了我国高校最早的校办工厂。经百余年办学实践形成的"工学并举"办学底蕴，为创新科技与创新能力复合型产业技术人才产生提供了一片沃土。

针对我国新能源与节能环保材料新兴产业对复合型产业技术人才的迫切需求，河北工业大学提出"以创新精神、创业意识和实践能力作为衡量重点大学科技创新人才的标准，要求学生全面发展，同时鼓励个性发展"的功能材料专业大学生教育理念。为了更新教师教育理念，提升教师理论素养、专业水平和教学实践应用能力，加强教师之间相互合作、交流，探讨和解决教学中的实际问题，总结和推广先进教学经验，全面提高教学质量，功能材料系认真组织多种类教研活动，如定期召开专业建设研讨会议，制定了功能材料专业建设方案；积极参加由教育部中国高等教育学会举办的"高校专业综合改革与创新人才培养经验报告会"、"高校微课、慕课与翻转课堂教学专题经验报告会""全国大学生创新创业年会"等会议，制作了"无机材料物理化学"精品微课程教学资源包，学生为第一发明人授权国家专利1项，2013年度大学生创新项目结项1项；在2014年、2015年中国功能材料科技与产业高层论坛上设立的"功能材料专业创新人才培养"主题中，与各高校进行学习和交流，并做了题为"聚焦战略性新兴产业、创建功能材料学科专业创新型人才培养体系"的演讲，教学论文"功能材料专业大学生创新创业能力培养模式研究"刊载在会议论文摘要集中；安排教师到重点院校的对口专业进行调研学习，并撰写功能材料专业改革调研报告；积极鼓励教师参加学校组织的各类教学培训活动。由于参加了众多教学研讨、培训与调研活动，功能材料系教师专业教学水平有所提升，并取得了优异的教学效果。

1.2.2 培养目标

高等学校对人才培养目标的定位是：培养"具有良好人文、科学素质和社会责任感，学科基础扎实，具有自我学习能力、创新精神和创新能力"的一流人才。其应包括：①获得基础研究和应用研究的训练，具有扎实的基础理论知识和实验技能，动手能力强、综合素质高；②掌握科学的思维方法，具备较强的获取知识能力，具有探索精神、创新能力和优秀的科学品质。

功能材料（Functional Materials）主要是指通过光、热、电、磁、化学、生物等作用后具有特定功能的材料。功能材料与结构材料一起构成国民经济支柱产业，是国家大力发展的战略性新兴产业。京津冀及周边地区重化工业发达、生态文明建设形势严峻，无机非金属矿物材料节能环保功能化、尾矿固废资源化利用等生态环境功能材料以及生态环境友好的环境修复新材料、有毒有害物质的替代材料、高难废水污染治理材料、危废治理材料、高性能锂电池新材料等新材料相关产业发展前景广阔，需要大批科技创新人才。2010年教育部批准河北工业大学在内的15所国内高校建设功能材料特种专业，详情见表1-1。

表1-1 2010年教育部批准高等学校战略性新兴产业功能材料本科专业名单

序号	学校名称	主管部门	高校类型	培养目标、特色方向	修业年限	开始招生时间及人数
1	天津大学	教育部	985、211	新能源、信息、环境材料	四年	2012年招生
2	大连理工大学	教育部	985、211	生物、信息、环境、能源、电磁、储能材料	四年	
3	东北大学	教育部	985、211	功能合金材料	四年	2012年招生
4	东华大学	教育部	985、211	生物医用纺织材料与技术；生物、能源与光电材料	四年	

（续）

序号	学校名称	主管部门	高校类型	培养目标、特色方向	修业年限	开始招生时间及人数
5	华中科技大学	教育部	985、211	能源转换或储存、生物及医用、传感、敏感、生态环境材料	四年	2012 年招收 60 人
6	兰州大学	教育部	985、211	高分子材料	四年	2011 年招生，2012 年招收 35 人
7	华侨大学	国务院侨办	211		四年	2012 年招生
8	天津理工大学	天津市	—	信息与能源材料	四年	
9	河北工业大学	河北省	211	生态环境功能材料、新能源材料	四年	2011 年招生
10	石家庄铁道大学	河北省	—	光伏产业	四年	
11	沈阳工业大学	辽宁省	—	高分子材料	四年	
12	沈阳建筑大学	辽宁省	—	建筑节能材料	四年	
13	西安建筑科技大学	陕西省	—	磁性材料、新能源材料	四年	
14	昆明理工大学	云南省	—	换能材料与器件、光电子材料与器件、半导体材料与器件、纳米材料、材料物理、功能复合材料	四年	2011 年招生
15	兰州理工大学	甘肃省	—	能源材料（化学电源、储能、太阳能）	四年	2012 年招生

其中这些学校功能材料专业人才培养目标分别是：

天津大学功能材料专业培养目标：面向国家新型能源材料、电子信息材料和环境材料产业和重大工程需求，培养具有爱国敬业之崇高思想品质和职业操守及团队合作精神，具备宽厚科学基础和扎实工程应用基础，能够进行新型材料大型工程设计与管理、产品设计与研发，具有国际化视野的高层次工程管理与技术人才。

大连理工大学功能材料专业培养目标："具备材料科学与工程的基础理论、专业知识和实践能力，能够在新材料及其相关领域从事微电子、光伏、生物医用、电磁功能材料及器件方面的科研、技术开发、检测、工艺、设备、生产及经营管理工作的高级专业人才。

东华大学功能材料专业培养目标：围绕国家战略性新兴产业发展对高素质人才的迫切需求，培养德、智、体、美全面发展，具有良好的人文素养和国际视野，学科基础和专业知识扎实、能够在本领域从事基础研究、应用研究、技术开发和生产管理的综合型专门人才。

沈阳工业大学功能材料专业培养目标：培养能较系统地掌握材料制备与合成的基本理论与技术，具备材料化学与化工相关的基本知识和基本技能；能从事功能材料设计、合成、制备、应用以及性能表征、评价；能在功能材料科学，特别是高分子材料及其相关的领域从事研究、教学、科技开发及相关管理工作的功能材料化学与化工的高级专门人才。

沈阳建筑大学功能材料专业培养目标：主要培养具备功能材料特别是建筑节能材料与工程方面的基础理论、专业知识以及相关工程技术，能够从事先进功能材料的设计、制备、表征和应用等方面科学研究及技术开发的高级工程技术人才。

西安建筑科技大学功能材料专业培养目标："立足西部，面向全国，培养具有良好的人文社会科学素养和职业道德，掌握坚实的功能材料基础理论知识，熟悉材料的磁、光、电等功能特性和功能材料生产工艺，了解功能材料学科发展前沿，具备功能材料领域新材料开发、生产工艺设计、应用研究等方面基本能力，能够在磁性材料、新能源材料等功能材料行业从事科学研究、技术开发、工艺设计和经营管理方面工作的具有解决本专业复杂工程问题工作能力的、适应社会发展需求的、以及跨文化交流的创新性应用型高级专门人才。

昆明理工大学功能材料专业培养目标：培养具有良好的政治素质、文化素质和身体心理素质，具备坚实的功能材料科学与器件方面的基础理论与专业知识，全面掌握功能材料和相关器件的组成、结构、性能、制备、加工、应用、开发等方面的综合知识及相互关系，具有工程意识和创新能力，能从事材料科学与相关工程技术领域的生产技术、工程设计、新产品与新工艺研究开发、质量控制、生产组织管理、营销与贸易及材料领域教育等工作的复合型高级工程技术与研究人才。

北京化工大学功能材料专业培养目标：通过学习材料科学与工程、生物学领域的相关知识，掌握生物材料学的基础和专业知识，培养能在生物材料的制备、改性、加工成型及应用等领域从事科学研究、技术开发、工艺设计、生产及经营管理，并且具有强的计算机能力、外语能力、获取信息和使用信息能力，身心健康、素质优良、有创新精神的综合型高级技术人才。

综合国内各高校功能材料专业对合格人才的培养，不仅要求学生掌握材料的组织、结构、制备过程和性能等，而且要面向国家重大需求，开发具有实用价值的新型材料，以服务于国家及地方经济建设。因此，功能材料类高等教育必须适应材料科学的要求，培养和造就全面型、综合型、智能型、创造性高素质人才。上述这些学校提出的人才培养中心思想是一致的，即拓宽基础、提倡创新能力。

1.3　功能材料专业人才培养模式

人才培养模式是人才的培养目标和培养规格以及实现这些培养目标的方法或手段，是在现代教育理论、教育思想指导下，按照特定的培养目标和人才规格，以相对稳定的教学内容和课程体系、管理制度和评估方式，实施人才教育的过程的总和。河北工业大学从2001年开始对能源环境材料方向大学生的培养，遵循该专业人才培养的基本要求、特点和"针对21世纪国家重大战略需求，为地方经济建设提供能源环境材料复合型产业技术创新型人才"的大学生培养目标，经过团队教师多年研究与实践，逐渐建立和完善形成了以培养生态环境功能材料、新能源材料等战略性新兴产业科技创新人才的专业特色，构建了"四位一体的功能材料专业创新创业启蒙教育机制、多学科交叉融合课程体系为基础、优秀教师团队为依托、科研训练为支撑、产学研基地为平台、导师个性化指导与团队集体指导结合机制"的培养模式。这一行之有效的教育培养模式的建立，能充分激发学生的创新创业能力，使之成为综合素质全面的专业型人才的可靠保证。该人才培养模式（图1-1）的主要内容如下。

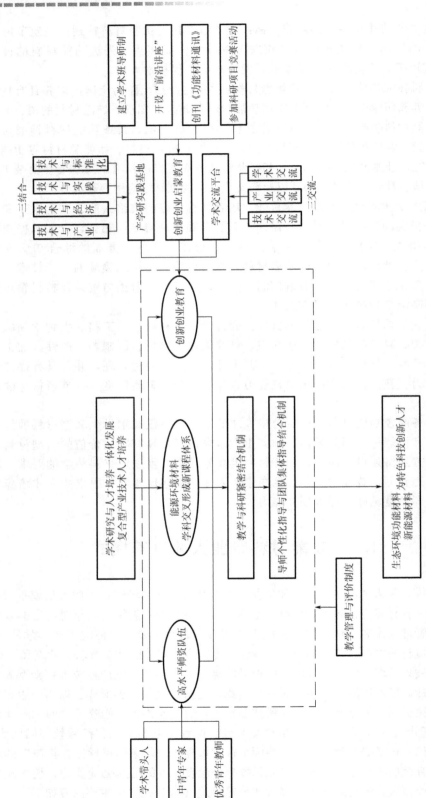

图1-1 学术研究与人才培养一体化发展的功能材料专业复合型产业技术创新型人才培养模式

1. 建立新型课程体系，为复合型产业技术人才产生和成长奠定理论基础

以材料科学与工程学科为基础，将能源、环境、材料三个一级学科理论知识交叉与融合，建立以"材料科学基础"、"无机材料物理化学"、"功能材料导论"、"生态环境材料"、"先进能源材料"、"功能材料前沿讲座"、"品质工程学基础"等为主要课程的新型专业教育理论体系，使学生知识结构具有前瞻性和交叉性。

2. 建设高水平师资队伍，为复合型产业技术人才培养提供优秀师资保障

强化教师科学研究与课程教学相结合培养复合型产业技术人才的责任感和使命感，将承担国家、省部级科研项目的中青年专家、学术带头人及优秀青年教师充实到主讲教师和实践指导教师队伍中，组建高水平的优秀教师团队。每年安排一名骨干青年教师到国际知名大学做访问学者，提升学术水平及发展潜力。

3. 创建创新教育机制，为复合型产业技术人才的创新能力培养缔造根基

为使功能材料学生尽早产生首创精神、首创意识的思想和原生动力，实现能源环境材料特色复合型产业技术人才培养目标，创建的功能材料专业创新教育机制如下。

1)"四位一体"创新创业启蒙教育机制

（1）学术班导师制：为功能材料专业每个班安排一名班导师，负责学术指导和学习规划指导。

（2）大学一年级第一学期开设"功能材料前沿讲座"课程（32学时），安排学术技术带头人、教授等为学生每人讲授4学时，安排具有博士学位的青年教师每人讲授2学时，让学生学习专业基础课及专业课之前就接触和了解功能材料专业领域学术前沿和行业产业发展现状与未来。

（3）指导组织功能材料专业大学生创刊学生读物《功能材料通讯》，提高学生了解本行业动态能力、组织协调能力和洞察未来发展趋势能力。

（4）指导组织二年级以上大学生参加国家、河北省大学生创新创业训练计划项目研究和教师的科研项目，教师为学生提供选题、创新、创业、研究指导和咨询。

2)"三结合"产学研实践基地

将团队教师能源环境材料领域最新科研成果用于国民经济主战场，服务地方经济建设，在山东、天津、北京、河北、江苏等地创建了技术与产业结合、技术与经济结合、技术与实践结合"三结合"产学研实践教育基地；促进大学生从就业到创业的思想转变，提高创新与创业能力。

3)"三交流"学术交流平台

整合国内能源环境材料领域高水平学术资源、产业资源，在国家（省部）级学（协）会，创建国家（省部）级专业委员会（分会），为培养国家急需人才提供学术交流、产业交流、技术交流的"三交流"平台，开阔视野，催生创新萌芽。

4. 建立科学研究与教学紧密结合机制，实现高水平科研与人才培养一体化发展

将团队教师最新科研成果融入课堂教学和实验教学环节，出版技术专著，编写成教材，列入大学教育过程中。每年将科研经费的15%～20%用于教学设备购置和平台建设；

依托材料物理与化学国家重点学科的科研优势，建立了生态环境与信息特种功能材料教育部重点实验室、固废资源利用与生态发展创新中心（河北省人民政府与国家工信部依托我校共建）。

5. 建立导师个性化指导与团队集体指导结合机制，为实现培养目标提供过程管理保障

针对每名大学生入学后对所学专业认识、研究兴趣，以及团队教师承担的科学研究任务，确定能源环境材料复合型产业技术人才的培养对象，制定个性化培养方案；学术导师定期听取学生科研工作汇报，进行团队教师集体指导和研究经验交流。导师个性化指导与团队集体指导结合机制的建立和实施，有效保障了培养目标的顺利实现。

1.3.1 师资队伍

强化教师科研与教学结合培养创新人才的责任感和使命感，将承担国家、省部级科研项目的中青年专家、学术带头人及具有发展潜力的优秀青年教师，充实到主讲教师和实践指导教师队伍中，组建优秀教师团队。

能源环境材料教学科研团队现有教师 14 人，其中研究员与教授 7 人，副研究员副教授 5 人，讲师 2 人，博士 11 人，平均年龄 42 岁。副教授及以上职称的教师占专业课教师总数的 84.62%，这些教师中有 8 人分别毕业于清华大学、天津大学、浙江大学、山东大学、中国地质大学等国内著名大学，海外留学 3 人。年龄结构、学缘结构及知识结构合理，是一支年富力强的教学科研团队。

团队中授课教师 13 人，实验教师 1 人。7 位研究员、教授每学年都为本科生独立承担一门 32 学时及以上课程，教授、副教授给本科生授课人均为 147.31 学时/学年。具有讲师及以上职称的每一位教师可以承担两门及以上课程的授课，而且每门课程都是由两位教师担任主讲，满足了课程教学及实验教学需要。此外，功能材料系还采取如下措施建设高水平师资队伍。

（1）通过与国内知名大学、日本国立群马大学、日本北关东产官学研究会、淄博博纳科技发展有限公司等高校、研究机构和企业的密切合作，发挥学科、专业上的优势互补，共同承担和申报国内外重大项目，锻炼培养高层次的教师队伍；分期、分批安排教师到重点院校的对口专业进行深造，攻读学位及出国进修学习。2010 年 3 月，河北工业大学材料科学与工程学院与日本国立群马大学工学部签署了双方学术交流合作协议与人才培养备忘录，不定期邀请群马大学及中国台湾国立勤益科技大学著名教授来校做学术讲座，并请他们提出专业前沿的发展方向及发展设想，促进了学术和教学研究多方位的交流，开阔了师生视野，增强了学生学好专业的自信心。

（2）建立研究人员互访和讲学制度，每年邀请国内外大学的 3～4 位著名学者、教授来校讲学和开展合作研究，并请他们提出专业前沿的发展方向及发展设想，促进学术和教学研究多方位交流。

（3）每年聘请企业高级管理人员及高级技术人员担任专业课、实践课的教学工作，以及专题讲座。让骨干教师下到产学研基地进行挂职锻炼，对于尚不具备专业实践经验的教师，分期安排他们到产学研基地的生产技术一线实习，提高理论与实践结合的能力。

　　（4）以老带新、以强带弱，对学科带头人和骨干教师进行重点扶持和培养，并以学科带头人和骨干教师作为导师，指导中青年教师，定期对中青年教师进行实习、实训、课程建设、学术等方面培训，以提高中青年教师的教学和科研水平。

　　（5）与中国仪器仪表学会仪表材料分会生态环境功能材料专业委员会、中国民营科技促进会离子技术专业专家委员会、天津硅酸盐学会生态环境功能材料专业委员会等学会、协会密切合作，完善已经建立的大学、研究院所、企业、政府之间促进科技创新、科技成果转移、高技术产业化的合作模式；充分发挥国家级学术组织对河北工业大学学科专业建设和学术研究的前沿引领作用。

　　（6）每年选派 2～3 名教师在专委会组织的"生态环境功能材料及离子技术产业国际论坛"等国际产业论坛、国际学术研讨会上进行大会和专题邀请报告，进行新技术推介和展示活动，促进师生与国内外同行的交流与合作；每年安排 1～2 次全体师生参加的功能材料专业展览会，开阔师生视野。

　　（7）每年安排 1～2 名优秀教师到日本关东地区考察交流，学习日本国立群马大学、中国台湾国立勤益科技大学等的科技创新人才培养模式和经验。

1.3.2　课程设置

　　功能材料专业课程体系以"材料科学基础""无机材料物理化学""功能材料导论""生态环境功能材料""新型能源材料"等为核心课程，其课程设置（图1-2）如下。

　　公共基础课：思想政治理论、英语、军事体育、数学、物理、化学、计算机等课程。

　　专业基础课：材料科学基础、现代材料分析方法、无机化学、有机化学、物理化学等课程。

　　专业必修课：功能材料导论、生态环境功能材料、先进能源材料、材料物理性能、功能材料工艺学、新型功能材料专业外语、无机材料物理化学。

　　专业选修课：无机非金属材料概论、清洁能源概论、环境科学概论、环境矿物材料、功能材料分析与表征、功能高分子材料。其中每个学生至少选学四门。

　　专业课集中实践环节：认识实习、生产实习、毕业设计。

　　自主学习课程：功能材料前沿讲座、仪表及自动控制、纳米科技与材料、品质工学基础、资源循环科学与工程概论。

　　创新创业教育课程：功能材料创新创业教育实践、功能材料创新实验。

　　大学一年级第一学期开设的"功能材料前沿讲座"课程，让学生入学后迅速了解本专业领域的学术前沿及产业发展状况，增加学生对专业的理解与发展方向。

　　图1-3为课程体系的拓扑图。表1-2、表1-3分别为功能材料专业教学进程安排表、功能材料专业各类课程学分比例分配表。

　　学生的知识结构具有前瞻性，适应社会能力大幅增强。大学生掌握了能源、环境、材料三个一级学科交叉与融合形成的基本理论知识体系及生态环境功能材料、新型能源材料等专门知识，具备创新型人才产生和成长的理论基础，满足国家发展循环经济及节能减排科技需求。

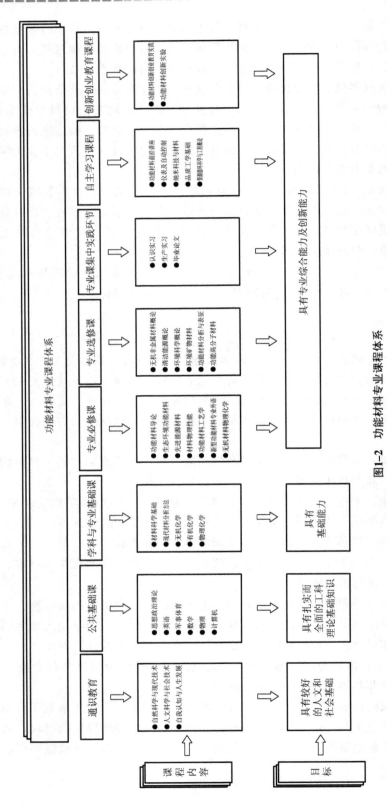

图1-2 功能材料专业课程体系

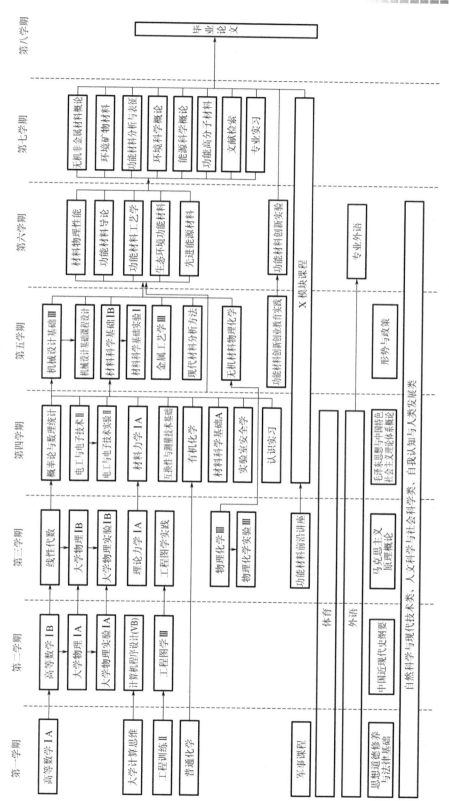

图1-3 课程体系拓扑图（2015级）

表1-2 功能材料专业教学进程安排表（2013级）

一、公共基础课程

课程性质	课程名称	学分	总学时	授课学时	实验学时	上机学时	考试类别	各学期周学时分配								授课单位
								第一学年		第二学年		第三学年		第四学年		
								1	2	1	2	1	2	1	2	

思想政治理论

课程性质	课程名称	学分	总学时	授课学时	实验学时	上机学时	考试类别	1	2	1	2	1	2	1	2	授课单位
必	思想道德修养与法律基础	2.5	40	32	8		N	3								26
必	中国近现代史纲要	2.5	40	32	8		N		3							26
必	马克思主义原理概论	2.5	40	32	8		N			3						26
必	毛泽东思想与中国特色社会主义理论体系概论	3.5	56	48	8		Y				4					26
必	形势与政策	2					N					2				26
必	思想政治实践	3					N									26
小计		**16**	**176**	**144**	**32**			**3**	**3**	**3**	**4**	**2**				

英　语

课程性质	课程名称	学分	总学时	授课学时	实验学时	上机学时	考试类别	1	2	1	2	1	2	1	2	授课单位
必	大学英语基础模块（读写课程）	4	64	64			Y	2	2							22
必	大学英语基础模块（听说课程）	2	32	32			Y	1	1							22
必	大学英语拓展模块课程	6	96	96			Y			3	3					22
小计		**12**	**192**	**192**				**3**	**3**	**3**	**3**					

军事体育

课程性质	课程名称	学分	总学时	授课学时	实验学时	上机学时	考试类别	1	2	1	2	1	2	1	2	授课单位
必	军事课程	2					N	2								45
必	体育	4	128	128			N	2	2	2	2					34
小计		**6**	**128**	**128**				**4**	**2**	**2**	**2**					

数　学

课程性质	课程名称	学分	总学时	授课学时	实验学时	上机学时	考试类别	1	2	1	2	1	2	1	2	授课单位
必	高等数学ⅠA	5.5	88	88			Y	6								11
必	高等数学ⅠB	5.5	88	88			Y		6							11
必	线性代数	2	32	32			Y			2						11
必	概率论与数理统计	3	48	48			Y				3					11
小计		**16**	**256**	**256**				**6**	**6**	**2**	**3**					

（续）

一、公共基础课程

课程性质	课 程 名 称	学分	总学时	授课学时	实验学时	上机学时	考试类别	各学期周学时分配 第一学年 1	2	第二学年 1	2	第三学年 1	2	第四学年 1	2	授课单位
物　　理
必	大学物理ⅠA	3.5	56	56			Y	4								11
必	大学物理ⅠB	3.5	56	56			Y		4							11
必	大学物理实验ⅠA	1.5	30		30		N	2								11
必	大学物理实验ⅠB	1.5	30		30		N		2							11
	小计	10	172	112	60			6	6							
计　算　机
必	大学计算思维	2	32	16		16	Y	2								21
必	计算机程序设计（VB）	4	64	32		32	N		4							21
	小计	6	96	48		48		2	4							
化　　学
必	普通化学	3	48	44	4		Y	3								15
	小计	3	48	44	4			3								

说明：公共基础课程必修69学分

二、学科与专业基础课程

课程性质	课 程 名 称	学分	总学时	授课学时	实验学时	上机学时	考试类别	各学期周学时分配 第一学年 1	2	第二学年 1	2	第三学年 1	2	第四学年 1	2	授课单位
必	电工与电子技术Ⅱ	4	64	64			Y				4					14
必	电工与电子技术实验Ⅱ	1	20		20		N				1					14
必	理论力学1A	4	64	62	2		N			4						12
必	材料力学1A	4	64	58	6		Y				4					12
必	工程图学Ⅲ	4	64	50	14		Y		4							12
必	互换性与测量技术基础	2	32	32			N				2					12
必	机械设计基础Ⅲ	2.5	40	38	2		Y					4				12
必	金属工艺学Ⅲ	2	32	28	4		N					2				

（续）

二、学科与专业基础课程

课程性质	课程名称	学分	总学时	授课学时	实验学时	上机学时	考试类别	各学期周学时分配								授课单位
								第一学年		第二学年		第三学年		第四学年		
								1	2	1	2	1	2	1	2	
必	物理化学Ⅲ	4	64	64			Y			4						15
必	物理化学实验Ⅲ	1	20		20		N			2						15
必	有机化学	2	32	32			Y				2					18
必	材料科学基础ⅠA	2.5	40	40			Y				4					18
必	材料科学基础ⅠB	2.5	40	40			Y					4				18
必	材料科学基础实验Ⅰ	1	20		20		N					1				18
必	现代材料分析方法	3.5	56	48	8		Y					4				18
必	文献检索	1	20	12	8		N							2		18
必	实验室安全学	1	16	10	6		N					2				18
	小计	42	688	578	110				4	10	19	15		2		

集中实践教学环节

	名称	学分	周数					各学期								授课单位
必	工程图学实践	1	1				N		1							12
必	工程训练Ⅱ	3	3				N	3								12
必	机械设计基础课程设计	2	2				N					2				12
	小计	6	6					3		1		2				

说明：学科与专业基础课程必修 48 学分

三、专业课程

课程性质	课程名称	学分	总学时	授课学时	实验学时	上机学时	考试类别	各学期周学时分配								授课单位
								第一学年		第二学年		第三学年		第四学年		
								1	2	1	2	1	2	1	2	

专业必修课程

课程性质	课程名称	学分	总学时	授课学时	实验学时	上机学时	考试类别	1	2	1	2	1	2	1	2	授课单位
必	新型功能材料专业外语	2	32	32			N							2		18
必	材料物理性能	3.5	56	46	10		Y							4		18
必	无机材料物理化学	3.5	56	48	8		Y					4				18
必	功能材料工艺学	2	32	32			Y							2		18
必	先进能源材料	2	32	28	4		Y							2		18

（续）

三、专业课程

课程性质	课 程 名 称	学分	总学时	授课学时	实验学时	上机学时	考试类别	第一学年		第二学年		第三学年		第四学年		授课单位
								1	2	1	2	1	2	1	2	
专业必修课程																
必	生态环境功能材料	2	32	28	4		Y						2			18
必	功能材料导论	2	32	32			Y						2			18
必	功能材料前沿讲座	2	32	32			N			2						18
小计		19	304	278	26					2		4	14			

集中实践教学环节

课程性质	名 称	学分	周数					第一学年		第二学年		第三学年		第四学年		授课单位
必	功能材料创新创业教育实践	3	3									3				18
必	功能材料创新实验	3	3										3			18
必	认识实习	2	2				N			2						18
必	专业实习	3	3				N							3		18
必	毕业设计	7	18				N								1	18
小计		18	29							2	3	3	3	1		

专业选修课程

课程性质	课 程 名 称	学分	总学时	授课学时	实验学时	上机学时	考试类别	第一学年		第二学年		第三学年		第四学年		授课单位
选	无机非金属材料概论	2	32	32			N							4		18
选	清洁能源概论	2	32	32			Y							4		18
选	环境科学概论	2	32	32			Y							4		18
选	环境矿物材料	2	32	32			N							4		18
选	功能材料分析与表征	2	32	32			N							4		18
选	功能高分子材料	2	32	32			N							4		18

说明：专业课程必修 19 学分，选修 8 学分

四、通识教育选修课程

课程性质	课 程 名 称	说 明
选	人文社会科学类	具体课程参考每学期的选课手册
选	自然科学类	具体课程参考每学期的选课手册
选	创新与拓展类	创新选修项目，具体课程详见每学期的选课手册
		跨学科课程选修项目
		学科竞赛与学术活动项目
		科研活动项目

说明：选修 8 学分，其中创新创业拓展类选修 4 学分，具体办法详见附后校政字【2011】37 号

（续）

五、自主学习课程（X模块不计入总学时）

课程性质	课 程 名 称	学分	总学时	授课学时	实验学时	上机学时	考试类别	第一学年 1	第一学年 2	第二学年 1	第二学年 2	第三学年 1	第三学年 2	第四学年 1	第四学年 2	授课单位
选	仪表及自动控制	2	32	32			N					2				18
选	纳米科技与材料	2	32	32			N						2			18
选	品质工学基础	2	32	32			N				2					18
选	资源循环科学与工程概论	2	32	32			N								2	18
必																
	小计	**8**	**128**	**128**								**2**	**2**	**2**	**2**	

表1-3 功能材料专业各类课程学分比例分配表

课 程 类 别		课程性质	最低学分要求	占毕业要求总学分比例%	课内学时
公共基础课程		必	69	40.59	924
学科与专业基础课程		必	48	28.24	578
专业课程	必修课程	必	19	11.18	278
	集中实践课	必	18	10.59	
	选修课程	选	8	4.71	128
通识教育选修课程		选	8	4.71128	
合计			170	100.00	2036

参考文献

"十三五"国家战略性新兴产业发展规划.国发（2016）67号，2016.11

第 **2** 章
功能材料专业教育教学

功能材料专业教育是团队教师依照能源环境材料复合型产业技术创新型人才培养目标要求培养专业人才的教育。其教学体系包括理论教学和实践教学。

2.1 功能材料专业教学体系

教学体系（Teaching System）是由教学过程的知识基本结构、框架、教学内容设计、教学方法设计、教学过程设计和教学结果评价等组成的统一的整体，包含教学顺序、过程、方式、方法、形式、内容、反馈、评估、总结、比较和推导等一系列教学要素。功能材料教学体系是以培养生态环境功能材料、新能源材料等战略性新兴产业科技创新人才为特色，从人才培养体系整体出发，通过"能源、环境、材料交叉融合的学科理论知识奠定理论基础，建设的高水平师资队伍提供优秀师资保障，创建的高水平产学研基地为创新人才培养提供实践基地，组建国家（省部）级专业委员会和分会，建立学术、技术、产业交流平台"的人才培养模式。教育教学过程中以培养能源环境材料专业理论为基础，以培养专业技能及能力为核心，建立了分层次、多模块、相互衔接的教学体系，通过专业认识实习、生产实习和毕业论文等集中实践教学环节，目的是提高学生运用能源环境材料基本理论，具备从事功能材料领域相关科学研究和新产品开发、质量分析及控制等的基本能力。除此之外，功能材料系还不断改造传统的实验教学内容和实验技术方法，融入科技创新和实验教学改革成果，使实验教学内容与科研、社会应用实践密切联系，形成良性互动，实现基础与前沿的有机结合。整合国内能源环境材料领域高水平学术资源、产业资源，不断完善和充实实验内容，有利于培养学生综合能力与创新精神，提高教学质量。

教学体系中的理论教学和实践教学是专业教学的两大基本形式，理论教学重在系统性，实践教学更应切实可行，二者密切配合，相互渗透。理论教学是基础，为培养学生的实践能力服务；实践教学建立在系统的专业理论教学基础上，并在专业理论指导下开展。通过实践教学，促进学生对理论知识的再理解，并可解决理论教学中没有解决的一些问题，检验理论教学的成果，丰富和完善理论教学的内容。因此要合理制定理论教学与实践教学相结合的教学方案。

2.1.1 理论教学

功能材料专业理论教学中的课程设置以及教学的内容紧紧围绕"培养学生扎实专业理论基础及实践动手能力"这一目标来确定，以能充分反映行业领域以及岗位工作对学生能力的要求为基础，其理论课程体系融合了能源、环境、材料等学科理论知识，以"材料科学基础""无机材料物理化学""功能材料导论""生态环境功能材料""新型能源材料"等为特色核心课程群，结合学校实际教育资源，应需、应时地开发选修课程，积极引进和打造精品课程，建立开放型专业基础课程体系，根据学生自我需求提供适合的教育，以满足不同潜质学生的发展需要，促进了功能材料专业多样化和特色化发展。

功能材料系瞄准专业发展前沿，充分利用现代化信息技术，将国际学术、国内学术、产业发展论坛、研讨会的学术研究成果充实到教学资源库，不断更新、充实理论教学内容，调整课程结构；根据建立的教学资源库，功能材料系任课教师编制课程资源包，建立以学科为单位的课程资源平台，采用制作精品课程视频资料、微课、多媒体课件等手段，建立新型课程教学实施体系，规范化课程教学；通过对所设课程建立的标准试题库以及学生对所学课程反馈回的信息，建立课程教学效果评价资源库，综合评价课程的教学实施效果，进一步完善和改进课程体系。

大学生经过理论学习，掌握了能源、环境、材料三个一级学科交叉与融合形成的基本理论知识体系及生态环境功能材料、新型能源材料等专门知识，具备了复合型产业技术人才产生和成长的理论基础，满足了国家发展循环经济及节能减排科技需求。

2.1.2 实践教学

科学理论正确反映客观事物的本质及规律，能够用于指导实践。专业理论是在实践的基础上的高度概括和总结，是用于指导专业实践的系统知识，应当充分地消化、吸收，从而更快、更有效地提高专业水平。因此，实践教学应当在系统的专业理论指导下开展。系统地进行专业理论学习，能促进学生对专业知识结构宏观的和全方位的认识，有助于明确实践教学活动的方向，从而有的放矢地开展专业实践。因此，在功能材料专业教学计划中，实践教学课程设置要与理论教学课程设置相匹配，实践教学内容要与理论教学中所涉及的知识点有机统一，实践教学形式要依据理论知识点自身的特点来选择。通过实践教学的实施，培养学生专业素质和实践能力。因此功能材料系强化实践、实训教学，安排学生进行工程和创新训练、认识和生产实习、毕业论文、参与教师科研课题研究、参加大学生创新创业训练计划项目等实践环节。

2.2 功能材料专业课程体系

课程体系是指同一专业不同课程门类按照门类顺序排列，是教学内容和进程的总和，课程门类排列顺序决定了学生通过学习将获得怎样的知识结构。课程体系是育人活动的指导思想，是培养目标的具体化和依托，它规定了培养目标实施的规划方案。课程体系主要由特定的课程观、课程目标、课程内容、课程结构和课程活动方式所组成，其中课程观起着主宰作用。

教育部 2010 年批准的首批 15 所特色高校建设功能材料专业后，各高校从 2011 年开始陆续招收本科生。表 2-1 为 6 所典型高校功能材料专业主要必修课程设置。表中的各学校根据材料学科"基础性、实践性、前沿性和多学科交叉"的特点，以"材料物理""材料性能表征"和"工程材料学"为功能材料科学内容，以"材料制备工艺""功能材料制备工艺"和"锻造冲压工艺"为功能材料工程内容，以"先进材料实验"等为材料工程实践，设置了较为系统的，适合复合型、应用基础型人才培养的功能材料专业主干课，同时还设置了涉及多种先进材料制备工艺的专业实验课。

表 2-1　6 所典型高校功能材料专业主要必修专业课程设置

学校名称	天津大学	浙江大学	中南大学	上海交通大学	哈尔滨工业大学	大连理工大学
主要必修专业课程	● 功能材料基础 ● 高分子材料科学基础 ● 无机非金属材料科学基础 ● 金属材料科学基础 ● 材料现代研究方法 ● 材料概论（双语） ● 材料力学性能	● 材料科学基础 I、II ● 材料物理性能 ● 材料科学基础实验 I、II ● 材料现代分析技术 ● 材料力学性能 ● 材料工艺基础 ● 先进材料实验	● 材料科学基础 ● 材料物理性能 ● 金属塑性加工 ● 晶体学基础 ● 材料热力学 ● 量子力学 ● 材料化学基础 ● 金属热处理 ● 锻造冲压工艺	● 材料科学基础 ● 材料加工原理 ● 材料组织结构 ● 材料性能 ● 计算材料学 ● 材料热力学 ● 材料化学 ● 材料制造数字化	● 材料科学基础 ● 传输原理 ● 材料物理性能 ● 物理化学Ⅲ ● 热处理原理 ● 材料力学性能 ● 材料分析测试方法 ● 材料热加工设备	● 材料科学基础 ● 固态相变原理 ● 材料热力学 ● 材料成型原理 ● 金属材料学 ● 材料力学性能 ● 材料物理性能 ● 材料分析测试方法

河北工业大学根据生态环境功能材料、新能源材料、节能环保产业发展需求，制定了功能材料教学进程（表 1-2）。该教学进程安排整体优化，结构合理，能够充分体现学生知识、能力、素质协调发展的要求，能够根据社会需要做弹性调整。这一课程体系涵盖了能源、环境、材料三个一级学科交叉与融合形成的基本理论知识体系及生态环境功能材料、新能源材料等专门知识，具备了复合型产业技术人才产生和成长的理论基础。

2.2.1　公共基础课程

公共基础课程是指高等教育考试中任何专业或部分同类专业的考生都必须学习的课程，它包括：①思想政治理论系列课程，如马克思主义原理概论等；②自然科学公共基础课，这些课程有英语、数学、物理、化学、计算机等；③军事体育类课程。公共基础课虽然同所学专业没有直接联系，但它是培养德、智、体、美全面发展、综合素质高、专业基础知识扎实的复合型产业技术人才不可缺少的基础课程。

思想政治理论系列课程中的"毛泽东思想与中国特色社会主义理论体系概论"主要讲授中国共产党把马克思主义基本原理与中国实际相结合的历史进程，充分反映马克思主义中国化的两大理论成果，帮助学生系统掌握毛泽东思想和中国特色理论体系，坚定在党的领导下走中国特色社会主义道路的理想信念；在课程"形势与政策"中主要围绕我国政治、经济、社会发展形势与对外政策讲述我党、人大、政府召开的重大会议以及国内热点问题、突出的重大事件、两岸关系和对台政策问题、与相关国家的关系问题等。

在军事课程中主要按军事理论教学和军事技能训练进行课程讲授，其中军事理论教学与军事技能训练教学学时比为 24∶84。军事理论教学内容包括中国国防、军事思想、国际战略环境、军事技术、信息化战争等；军事技能训练包括条令条例教育、队列动作、轻武器射击、战术、军事地形学、综合训练等。

"高等数学"课程是大一各专业一门重要的公共基础课，通过本课程的学习能使学生系统地获得一元函数微积分、常微分方程的基本知识，掌握必要的数学理论和计算方法，逐步培养学生的抽象概括能力、逻辑推理能力、运算能力和综合运用高等数学知识分析、解决实际问题的能力，为后续课程的学习和专业发展奠定必要的数学基础。

以力学、热学、电磁学、光学等基本理论知识为内容的"大学物理"课程，主要是通过物质的基本结构、基本运动形式、相互作用等进行教学内容安排的，它的基本理论和研究方法渗透在自然科学的各个领域，是其他自然科学的基础。通过对该课程的学习，为学生学习其他学科基础课和专业课奠定理论基础。

"普通化学"课程主要讲述化学热力学、化学平衡、化学反应速率、基础化学、近代物质结构等的基本概念和基本原理。通过对该课程的学习，可提高对无机化学问题进行理论分析和解决问题的能力，为后续专业课奠定理论和实验基础。

公共基础课程总学分为 69，其中思想政治理论 16 学分、英语 12 学分、军事体育 6 学分、数学 16 学分、物理 10 学分、计算机 6 学分、化学 3 学分。

2.2.2　学科与专业基础课程

学科与专业基础课是功能材料专业学生学习基础理论、基本知识和基本技能的课程，其作用是为学生掌握专业知识、学习科学技术、发展有关能力打下坚实的基础。这类课程包括电工与电子技术等 13 门课程，其中理论讲述 578 学时、实验 110 学时。现对主要课程做如下介绍。

"电工与电子技术"课程融合了电工技术和电子技术，讲述电路和电路元件、电路分析基础、分立元件基础电路、数字集成电路、集成运算放大器、波形产生和变换、测量和数据采集系统、功率电子电路、变压器和电动机、电气控制技术等。

"理论力学"和"材料力学"课程是研究物体机械运动一般规律和有关构件强度、刚度、稳定性理论的科学，具有抽象性强、空间性强、系统性强、知识面宽、概念多、计算类型多等特点，它前接高等数学，后接机械设计基础等课程。通过对这两门课程的学习，学生可了解和掌握物体机械运动的一般规律及其研究与计算方法，并能运用这些规律解决实际工程问题，在培养学生科学素质、科学思维方法以及后续专业课学习发挥重要作用。

"互换性与测量技术基础"课程涉及机械设计、机械制造、质量控制、生产组织管理等诸多内容，主要讲述测量的基本知识、公差与配合标准的构成及应用、光滑工件尺寸的检验、表面粗糙度评定参数及其选择等。通过对该课程学习，学生可掌握几何量的互换性与测量技术的基本知识和技能，为进一步学习专业课程打下基础。

"机械设计基础"课程主要讲述机构的结构分析、常用机构性能与设计分析、机器动力学、通用零（部）件设计方面的基本知识。通过对该课程的学习和设计训练，学生可掌握通用机械零件的工作原理、结构、特点、设计计算及维修等，初步具有一定的设计机械传动装置的能力，以及运用标准、规范、手册、图册及查阅有关技术资料的能力。

"物理化学"课程是综合运用数学、物理等基础科学的理论和实验方法研究化学过程中平衡规律和速率及这些规律与微观结构的关系，是化工、轻工、材料、生物、制药等专业的必修课。该课程主要内容包括化学热力学、化学运动学、化学平衡、相平衡、电化学、表面现象、胶体与大分子等。

表2-2为功能材料专业学科与专业基础课程部分课程简介。

表2-2 功能材料专业学科与专业基础课程部分课程简介

课程名称：**有机化学**

学　　分：2

教学时数：32（理论：32；实践：0；上机：0）

课程内容：掌握"有机化学"基本知识；掌握常见各种化合物，能正确写出名称和结构式；应用所学知识分析简单有机化合物的结构和性质的关系；选择有机化合物的合成路线和方法；运用官能团的性质提出简单有机化合物的检验方法。

教　　材：《有机化学》，鲁崇贤，杜洪光，科学出版社

参 考 书：①《有机化学》，胡宏纹，高等教育出版社

②《基础有机化学》（上，下册），邢其毅、徐瑞秋、周政等，高等教育出版社

③《有机化学》（上，下册），[美]RT 莫里森，RN 博伊德，复旦大学化学系有机化学教研室译，科学出版社

课程名称：**材料科学基础**

学　　分：5.0

教学时数：80（理论：80；实践：0；上机：0）

课程内容：系统介绍材料科学的基础理论知识，讲解固体材料的结构与性能、相变、扩散、塑性变形与强化以及材料科学研究方法等；将金属材料、无机非金属材料以及聚合物材料结合在一起，使学生更好地掌握材料的共性，熟悉材料的个性。

教　　材：《材料科学基础》，刘智恩，西北工业大学出版社

参 考 书：①《材料科学基础》第二版，石德珂，机械工业出版社

②《材料科学基础》，胡赓祥等，上海交通大学出版社

③《材料科学基础》，谢希文，北京航空航天大学出版社

课程名称：**现代材料分析方法**

学　　分：3.5

教学时数：56（理论：48；实践：8；上机：0）

课程内容：主要介绍X射线衍射与电子显微镜；通过该课程的教学，使学生对"现代材料分析方法"课程的基本概念有深刻掌握，并可对简单的X射线衍射图谱和电子显微镜结果进行分析；通过合理安排实验使学生有机会亲自对每部分的实验数据进行处理。

教　　材：《材料分析方法》，周玉，机械工业出版社

参 考 书：①《金属X射线学》，范雄，机械工业出版社

②《材料现代分析方法》，左演声，北京工业大学出版社

2.2.3　专业课程

专业课程是大学教学课程体系中的一个重要环节，是在学生掌握基础课和专业基础课等一定知识的基础上，根据功能材料专业需要，把相关专业理论知识向深度拓展，为学生在节

能环保、新能源、新材料产业领域从事科学研究与教学、工程设计、技术开发、技术改造、质量控制等方面的工作提供理论和技术储备。专业课程包括专业必修课和专业选修课。

1. 专业必修课

专业必修课是学生必须学习掌握的课程，是保证培养功能材料专门人才的根本。这类课程有"新型功能材料专业外语""材料物理性能""无机材料物理化学""功能材料工艺学""先进能源材料""生态环境功能材料""功能材料导论""功能材料前沿讲座"，总学时 304，19 学分，其中授课学时 278，实验学时 26。

1）专业必修课课程简介

专业必修课课程简介见下表。

表 2-3　专业必修课课程简介

课程名称：**新型功能材料专业外语**
英文名称：Professional English for Materials of Functional
学　　分：2
教学时数：32（理论：32；实践：0；上机：0）
课程内容：功能材料科学领域的专业英语常用词汇、专业英语写作基本知识。
教　　材：自编教材
参 考 书：《材料科学与工程专业英语》，匡少平，化学工业出版社材料学科相关期刊文献
先修课程：大学英语

课程名称：**材料物理性能**
英文名称：Physical Properties of Materials
学　　分：3.5
教学时数：56（理论：46；实践：10；上机：0）
课程内容：无机非金属材料的力学、热学、光学、电学等性能及结构与性能的关系。
教　　材：《无机材料物理性能》，关振铎，清华大学出版社
参 考 书：① 《无机材料科学基础》，陆佩文，武汉工业大学出版社
　　　　　② 《脆性材料力学性能评价与设计》，金宗哲，中国铁道出版社
先修课程：材料科学基础、现代材料分析方法等

课程名称：**无机材料物理化学**
英文名称：Inorganic Material Physics and Chemistry
学　　分：3.5
教学时数：56（理论：48；实践：8；上机：0）
课程内容：硅酸盐晶体结构、硅酸盐熔体与玻璃、固体表面与界面、泥浆物理化学、典型无机非金属材料相图、固相反应以及烧结等内容。
教　　材：《无机材料科学基础》，陆佩文，武汉工业大学出版社
参 考 书：① 《硅酸盐物理化学》，丁子上，中国建筑工业出版社
　　　　　② 《硅酸盐物理化学》，饶东升，冶金工业出版社
　　　　　③ 《硅酸盐物理化学》，贺可音，武汉理工大学出版社
　　　　　④ 《陶瓷物理化学》，范福康，中国建筑工业出版社
　　　　　⑤ 《陶瓷导论》，W. D. Kingery，中国建筑工业出版社
　　　　　⑥ 《无机非金属材料导论》，卢安贤，中南大学出版社
先修课程：物理化学、相变原理及工艺等

（续）

课程名称：**功能材料工艺学**

英文名称：Technology of Functional Materials

学　　分：2

教学时数：32（理论：32；实践：0；上机：0）

课程内容：粉体材料粒度的表征分析方法、材料的粉碎工艺及设备、粉体材料的合成工艺、材料的热
　　　　　加工工艺和设备，先进工艺技术进展。

教　　材：①《粉体技术及设备》，张长森，华东理工大学出版社

　　　　　②《无机非金属材料热工设备》，姜洪舟，武汉理工大学出版社

参 考 书：①《粉体工程与设备》，陶珍东，化学工业出版社

　　　　　②《纳米材料制备技术》，王世敏，化学工业出版社

先修课程：材料科学基础、无机化学、有机化学、现代材料分析方法等

课程名称：**先进能源材料**

英文名称：Advanced Energy Materials

学　　分：2

教学时数：32（理论：28；实践：4；上机：0）

课程内容：授锌-锰电池、铅酸电池、镉镍电池、氢镍电池、锂离子电池、燃料电池的工作原理和设计
　　　　　思想。

教　　材：《化学电源——电池原理及制造技术》，郭炳焜，中南大学出版社

参 考 书：①《化学电源》，程新群，化学工业出版社

　　　　　②《化学电源工艺学》，史鹏飞，哈尔滨工业大学出版社

先修课程：材料科学基础、现代材料分析方法、能源工程导论等

课程名称：**生态环境功能材料**

英文名称：Eco‐functional Materials Science

学　　分：2

教学时数：32（理论：28；实践：4；上机：0）

课程内容：环境材料的内涵、基本理论与基本概念；材料的环境协调性评价以及材料和产品的生态设
　　　　　计；金属材料、无机非金属材料以及有机高分子材料等传统材料的生态化改造相关理论与
　　　　　方法；抗菌功能材料、空气净化功能材料、水净化功能材料、健康功能材料、易洁陶瓷、
　　　　　电磁波防护材料等绿色环境功能材料的制备技术、性能；生态环境功能材料及产品的发展
　　　　　趋势。

教　　材：《环境材料基础》，左铁镛，科学出版社

参 考 书：①《生态环境材料》，王天民，天津大学出版社

　　　　　②《环境材料》，刘江龙，冶金工业出版社

　　　　　③《环境工程材料》，翁端，清华大学出版社

先修课程：材料科学基础、现代材料分析方法等

课程名称：**功能材料导论**

英文名称：An Introduction to Functional Materials

学　　分：2

教学时数：32（理论：0；实践：2；上机：0）

课程内容：功能材料最新研究进展及趋势，功能材料的概念、特点及常见功能材料的基本知识、制备工艺，各类功能材料的组成、性能和应用。

教　　材：《功能材料概论》，殷景华，哈尔滨工业大学出版社

参 考 书：①《功能材料导论》，李廷希，中南大学出版社

　　　　　②《环境功能材料》，冯玉杰，化学工业出版社

先修课程：材料科学基础、现代材料分析方法、材料物理化学等

课程名称：**功能材料前沿讲座**

英文名称：Lectures on Frontiers of Functional Materials

学　　分：2

教学时数：32（理论：32；实践：0；上机：0）

课程内容：本专业领域学术课题、研究前沿和热点课题，对生态环境功能材料、新能源材料的研究方法及热点问题，功能材料学术前沿的新理论和新工艺技术的研究动态。

教　　材：自编讲义

2）专业必修课程教学大纲

以下为各门专业必修课程的教学大纲。

"新型功能材料专业外语"课程教学大纲

课程名称：新型功能材料专业外语

英文名称：Professional English for Materials of Functional

课程类型：专业必修课程

总 学 时：32学时

学　　分：2学分

适应对象：功能材料专业学生

主要先修课程：无机化学、材料力学、断裂力学、物理化学、光学原理、材料化学等

执行日期：2014年

（1）课程的性质及任务

通过本课程的学习，使本专业学生掌握能源与环境材料科学领域的专业英语常用词汇、专业英语写作基本知识，为今后从事能源与环境研究与技术开发打下良好的英语基础。

（2）课程的教学目标

熟悉材料科学领域的专业常用英语词汇、掌握专业英语写作基本知识；能够阅读本专业科技资料。

（3）教学内容及其基本要求

第一章 Introduction to Materials Science and Engineering（6 学时）

教学内容

（a）Materials science and engineer。

（b）Physical and chemical properties of materials。

（c）Mechanical properties of materials。

学习要求

掌握新单词，能够准确快速熟读、翻译课文，理解课文中相关专业知识。

第二章 Ceramics（7 学时）

教学内容

（a）Introduction to ceramic materials。

（b）Relationship among microstructure，processing and application。

（c）Bioceramics。

学习要求

掌握新单词，能够准确快速熟读、翻译课文，理解课文中相关专业知识。

第三章 Composites（7 学时）

教学内容

（a）Introduction to composites。

（b）Properties of composites materials。

学习要求

掌握新单词，能够准确快速熟读、翻译课文，理解课文中相关专业知识。

第四章 Nanostructured Materials（6 学时）

教学内容

（a）Nanotechnology and nanostructured materials。

（b）Creation of nanostructured materials。

（c）Application of nanostructured materials。

学习要求

掌握新单词，能够准确快速熟读、翻译课文，理解课文中相关专业知识。

第五章 写作练习（4 学时）

教学内容

（a）科技文献检索方法。

（b）英文科技论文写作知识。

（c）科技论文投稿知识。

学习要求

掌握科技文献的检索方法，了解科技论文的结构和写作注意事项及科技论文投稿流程。

考　　试

（4）各教学环节学时分配

学时　　　　　　　环节 知识模块	讲课	习题课	讨论课	实验课	其他	合计
第一章　Introduction to Materials Science and Engineering	6					6
第二章　Ceramics	7					7
第三章　Composites	7					7
第四章　Nanostructured Materials	6					6
第五章　写作练习	4					4
考　　试					2	2
合　　计	30				2	32

（5）考核评价方法及要求

采取开卷考试方式，学期总成绩＝平时成绩（占总成绩30％）＋考试成绩（占总成绩70％）。

（6）教材与主要教学参考资源

教　　材：自编教材

参考资源：《材料科学与工程专业英语》，匡少平，化学工业出版社、新型功能材料相关科技期刊摘选论文

"材料物理性能"课程教学大纲

课程名称：材料物理性能

英文名称：Physical Properties of Materials

课程类型：专业模块课程

总 学 时：56学时

学　　分：3.5学分

适应对象：功能材料专业学生

主要先修课程：大学物理、材料科学基础

执行日期：2014年

（1）课程的性质及任务

本课程主要讲授材料力学、热学、光学、电学、介电、磁学性能及其发展和应用，介绍各种重要性能的原理及微观机制、性能的测定方法以及控制和改善性能的措施，各种材料结构与性能的关系，各性能之间的相互制约与变化规律。

（2）课程的教学目标

通过本课程的学习，需要掌握无机材料性能各类参数的物理意义和单位以及这些参数在实际问题中所处的地位；其次，要搞懂这些性能参数的影响因素，即性能和材料组成、结构的关系，性能参数的物理本质、物理模型、变化规律以及基本的性能测试方法，为判断材料优劣，正确选择和使用材料，改变材料性能，探索新材料、新性能、新工艺打下理论基础。

（3）教学内容及其基本要求

第一章　绪论（2 学时）

教学内容

（a）材料性能的定义、分类。

（b）材料性能研究的重要性。

（c）材料性能研究注意的问题。

（d）材料物理性能课程的内容。

学习要求

通过介绍具体案例，讲授该课程的学习意义和学习内容，引起学生对该课程的学习兴趣，要求学生掌握材料物理性能的定义、物理性能的研究的意义和方法。

第二章　材料的力学性能（12 学时）

教学内容

（a）应力、应变及弹性形变：应力、应变的基本概念，胡克定律、弹性模量的物理本质及影响因素，复相的弹性模量。

（b）塑性形变：晶体滑移、塑性形变的位错运动理论，塑性形变速率对屈服强度的影响。

（c）黏性流动和高温蠕变：黏度及影响因素、滞弹性、蠕变曲线、蠕变机理、影响蠕变的因素。

（d）材料的断裂强度：脆性断裂、韧性断裂、理论结合强度，Inglis 理论、Griffith 微裂纹理论、Orowan 理论。

（e）材料的断裂韧性：裂纹扩展方式，裂纹尖端应力场分析、几何形状因子、断裂韧性、裂纹扩展动力与阻力。

（f）裂纹的起源与扩展：裂纹的起源、裂纹的快速扩展、材料的疲劳、应力腐蚀理论、高温下裂纹尖端的应力空腔作用、亚临界裂纹生长速率与应力场强度因子的关系。

（g）提高材料强度及改善材料韧性的途径：影响强度的因素，材料脆性的特点，增韧机制，增韧途径。

实验一　材料粒度测试

学习要求

掌握材料的弹性变形、塑性变形、黏性流动、高温蠕变的理论描述、产生原因、影响因素；掌握延性断裂、脆性断裂，理论结合强度，断裂力学的原理，应力场的分析，断裂的判据，应力场强度因子，平面应变断裂韧性，静态疲劳的概念；了解断裂的原理；掌握断裂的判据，并根据此判据来分析提高材料强度及改进材料韧性的途径；掌握激光粒度仪的测试原理及测试方法；了解球磨机的使用及球磨时间材料粒度的影响。

第三章　材料的热学性能（8 学时）

教学内容

（a）材料的热容：热容的概念，晶体固体热容的经验定律和经典理论，晶体固体热容的量子理论回顾，无机材料的热容。

（b）材料的热膨胀：热膨胀系数，热膨胀机理，热膨胀和其他性能的关系，多晶体和复合材料的热膨胀，陶瓷品表面釉层的热膨胀系数。

（c）材料的热传导：固体材料热传导的宏观规律，固体材料热传导的微观机理，影响热传导的因素，某些无机材料的热传导。

（d）材料的热稳定性：热稳定性的表示方法、热应力、抗热冲击断裂性能、抗热冲击损伤性、提高抗热冲击断裂性能的措施。

实验二　材料热导率测试

学习要求

掌握材料热容的各种理论，热膨胀的定义及其基本机理，热传导的宏观规律和微观机理，热稳定性的表示和抗热冲击断裂性能；掌握各种热应力抵抗因子以及提高抗热冲击断裂性能的措施；掌握热线法导热仪的测试原理及测试方法，了解影响热导率的因素。

第四章　材料的光学性能　（6学时）

教学内容

（a）光通过介质的现象：光和介质相互作用，反射和折射，影响材料折射率的因素，反射率和透射率，介质的表面光泽。

（b）透光性：光的吸收、色散、散射，透光性。

（c）乳浊和半透明性：乳浊性，乳浊剂的成分，乳浊机理，半透明性。

实验三　材料吸光度的测试

学习要求

掌握折射、色散及反射的概念、表示方法和应用；掌握介质对光吸收、散射和透过的一般规律，影响透光性的各种因素及提高材料透光性的措施；明确不透明性（乳浊）的概念、机理和应用；掌握紫外-可见分光光度计的测试原理及测试方法，了解影响吸光度的因素。

第五章　材料的电学性能　（8学时）

教学内容

（a）电导的物理现象：体积电阻和表面电阻，迁移率和电导率。

（b）离子电导：载流子浓度，离子电导率，固体电解质及其在新能源领域的应用。

（c）电子电导：载流子浓度与迁移率，晶格缺陷与电子电导。

（d）无机材料的电导：玻璃态电导，多晶多相固体材料的电导。

实验四　材料电导率的测试

学习要求

掌握电子和离子两类载流子的不同特征，掌握掺杂、非化学计量缺陷及缺陷浓度对电性能的影响；熟悉半导体陶瓷、固体电解质等陶瓷材料在能源、电子元器件等领域的应用；掌握四探针法测试电导率的原理及测试方法；了解影响电导率的因素。

第六章　材料的介电性能　（6学时）

教学内容

（a）介质的极化：极化强度，宏观电场与局部电场，介电常数与极化率的关系，极化的微观机理，电子位移极化，松弛极化，转向极化，陶瓷材料的极化。

（b）介质的损耗：介电损耗，介电损耗和频率、温度的关系，陶瓷材料的损耗。

（c）介电强度：介质在电场中的破坏，电击穿，热击穿，无机材料的击穿。

（d）铁电性和压电性：自发极化，铁电畴，电滞回线，铁电体的特性和应用压电效应，压电方程，压电振子及其参数，压电材料及其应用。

学习要求

掌握极化的概念；掌握提高材料介电常数的机理；掌握复介电常数和介质损耗原因；掌握铁电陶瓷、压电陶瓷性能机理。

第七章　材料的磁学性能（2学时）

教学内容

（a）物质的磁性：磁矩和磁化强度，磁性的分类，磁性的本质。

（b）磁畴和磁滞回线：磁畴、磁滞回线。

学习要求

掌握主要磁学物理性能参数的含义；掌握铁磁畴和磁滞回线机理；了解磁性材料的相关应用。

复习答疑（1学时）

（4）各教学环节学时分配

学时　　　环节 知识模块	讲课	习题课	讨论课	实验课	其他	合计
第一章　绪论	2					2
第二章　材料的力学性能	12			2		14
第三章　材料的热学性能	8			4		12
第四章　材料的光学性能	6			2		8
第五章　材料的电学性能	8			2		10
第六章　材料的介电性能	6					6
第七章　材料的磁学性能	2					2
复习答疑	1		1			2
合　　计	45		1	10		56

（5）考核评价方法及要求

闭卷考试，考试成绩与平时成绩相结合（总成绩＝30％平时成绩＋70％期末考试成绩），平时成绩包括考勤、作业和实验三部分。

（6）教材与主要教学参考资源

教　　　材：《无机材料物理性能》，关振铎，清华大学出版社

参考资源：

①《无机非金属材料性能》，贾德昌，科学出版社

②《材料物理性能》，刘强，化学出版社

"无机材料物理化学"课程教学大纲

课程名称：无机材料物理化学

英文名称：Inorganic Material Physics and Chemistry

课程类型：专业必修课程

总 学 时：56学时

学　　分：3.5学分

适应对象：功能材料专业学生

主要先修课程：物理化学、材料科学基础等

执行日期：2014年

（1）课程的性质及任务

本课程是功能材料专业的必修专业课程，主要讲述硅酸盐晶体结构、硅酸盐熔体与玻璃、固体表面与界面、泥浆物理化学、典型无机非金属材料相图、固相反应以及烧结等内容。

（2）课程的教学目标

开设本课程是为了让学生了解功能材料尤其是无机非金属材料性能的基本概念，同时充分了解各种功能材料的结构和性能的关系，以及各性能之间的相互制约和变化规律。通过授课和实验使学生对该专业的一些基本理论知识有深入的了解，培养分析问题和解决问题的能力。

（3）教学内容及其基本要求

第一章　绪论（8学时）

教学内容

（a）晶体化学基础。

（b）硅酸盐晶体结构。

实验一　典型晶体结构分析

学习要求

（a）掌握等径球体最紧密堆积原理、配位多面体及配位数、临界半径比、硅酸盐晶体结构的分类、高岭石和蒙脱石层状结构及石英架状结构、热缺陷及缺陷平衡浓度、缺陷反应式、固溶体等知识点。

（b）理解孤岛状、组群状、链状结构等硅酸盐晶体结构、非化学计量化合物。

第二章　硅酸盐熔体与玻璃（8学时）

教学内容

（a）概述。

（b）硅酸盐熔体的结构。

（c）硅酸盐熔体的性质。

（d）玻璃的通性与玻璃的转变。

（e）玻璃结构理论。

（f）玻璃形成条件。

学习要求

（a）掌握硅酸盐熔体结构、熔体的性质——黏度与表面张力。

（b）掌握玻璃的通性、玻璃的形成规律（热力学、动力学及结晶化学条件）。

（c）了解玻璃的结构理论（微晶子学说及无规则网络学说）。

（d）理解硅酸盐玻璃的典型成分、性能与结构的关系。

第三章　固体表面与界面（8学时）

教学内容

（a）概述。

（b）固体表面结构。

实验二　固体表面接触角测量

学习要求

（a）掌握固体材料的界面行为：弯曲表面效应、表面吸附、润湿现象、表面改性。

（b）面结构、晶界结构、多晶体组织。

（c）理解固体的表面力场。

第四章　泥浆物理化学问题（8 学时）

教学内容

（a）胶体化学基本概念。

（b）流变学基础。

（c）黏土-水系统。

（d）瘠性料的悬浮与塑化。

学习要求

（a）掌握黏土-水系统胶体化学性质：离子交换、Zeta -电位、触变性、可塑性及流动性。

（b）理解固体表面力场、黏土-水系统中黏土表面双电层。

第五章　典型无机非金属材料相图（14 学时）

教学内容

（a）概述。

（b）SiO_2，ZrO_2，C_2S 等单元系统相图。

（c）$CaO - SiO_2$，$Al_2O_3 - SiO_2$，$MgO - SiO_2$ 等二元系统相图。

（d）$CaO - Al_2O_3 - SiO_2$，$K_2O - Al_2O_3 - SiO_2$，$MgO - Al_2O_3 - SiO_2$ 等三元系统相图。

（e）$CaO - C_2S - C_{12}A_7 - C_4AF$ 四元系统相图。

（f）典型无机非金属材料体系相变。

学习要求

（a）掌握独立组份数、多晶转变、平衡与非平衡状态、一致熔融与不一致熔融化合物、初晶区规则、杠杆规则、连线规则、切线规则、重心规则、划分三角形规则、三角形规则。

（b）熟悉 SiO_2，ZrO_2，C_2S 等单元系统相图，$CaO - SiO_2$，$Al_2O_3 - SiO_2$，$MgO - SiO_2$ 等二元系统相图，$CaO - Al_2O_3 - SiO_2$，$K_2O - Al_2O_3 - SiO_2$，$MgO - Al_2O_3 - SiO_2$ 等三元系统相图，$CaO - C_2S - C_{12}A_7 - C_4AF$ 四元系统相图的分析。

（c）理解杠杆定律在相图中的灵活应用。

第六章　固相反应（2 学时）

教学内容

（a）固相反应概述。

（b）固相反应动力学。

（c）影响固相反应的因素。

学习要求

（a）掌握固相反应的概念、杨德尔方程、固相反应动力学。

（b）理解金斯特林格方程、影响固相反应的因素。

第七章　烧结热力学与动力学（8 学时）

教学内容

（a）烧结概述。

（b）固相烧结。

（c）有液相参与的烧结。

（d）影响烧结的因素。

学习要求

（a）掌握烧结的定义、烧结的推动力、固相烧结和有液相参与的烧结过程中的传质、烧结过程中晶体的正常长大及其本质、二次再结晶的定义及其害处。

（b）理解影响烧结的因素。

实验三　功能陶瓷红外性能测试

（4）各教学环节学时分配

知识模块　　　　　学时　　环节	讲课	习题课	讨论课	实验课	其他	合计
第一章　绪论	6			2		8
第二章　硅酸盐熔体与玻璃	8					8
第三章　固体表面与界面	4			4		8
第四章　泥浆物理化学问题	8					8
第五章　典型无机非金属材料相图	14					14
第六章　固相反应	2					2
第七章　烧结热力学与动力学	6			2		8
合　　计	48			8		56

（5）考核评价方法及要求

闭卷考试，学期总成绩＝平时成绩（占总成绩30%，考勤＋作业）＋考试成绩（占总成绩70%）。

（6）教材与主要教学参考资源

教　　材：《无机材料科学基础》，陆佩文，武汉工业大学出版社

参考资源：

①《无机材料物理化学》，周亚栋，武汉工业大学出版社

②《无机材料科学基础教程》，胡志强，化学工业出版社

③《材料科学基础》，张联盟，武汉理工大学出版社

④网络学习资源、相关学术刊物等

"功能材料工艺学"课程教学大纲

课程名称：功能材料工艺学

英文名称：Technology of Functional Materials

总　学　时：32学时

学　　分：2学分

适应对象：功能材料专业学生

主要先修课程：普通化学、物理化学等

执行日期：2014年

（1）课程的性质及任务

"功能材料工艺学"课程是功能材料专业的一门专业必修课程。功能材料是指具有特殊的物理、化学、生物性能及其相互转化功能的材料，是现代高新技术发展的先导和基础。本课程主要讲授功能材料的合成与制备的基本原理与方法、几种典型功能材料的新技术、新工艺、常用设备的特点和应用条件，以及功能材料领域的最新动态及进展。

（2）课程的教学目标

开设本课程是为了使学生掌握功能材料的制备工艺，熟悉常用生产设备的原理及应用领域，如粉碎工艺及设备、粉体合成工艺及设备、材料的热加工工艺及设备、先进工艺技术等。

（3）教学内容及其基本要求

第一章　绪论（2学时）

教学内容

（a）材料生产的共性环节。

（b）几种材料生产的典型工艺流程。

（c）配料。

（d）物料的储存、均化。

（e）物料的输送、混合。

（f）熔化、烧成过程原理。

学习要求

（a）掌握水泥、玻璃、陶瓷生产的典型工艺流程。

（b）熟悉材料生产的共性环节。

（c）了解物料贮存、均化、输送及混合设备。

第二章　粉碎工艺及设备（10学时）

教学内容

（a）概论。

（b）粉碎过程及设备。

（c）除尘与防尘。

学习要求

（a）掌握不规则粉体材料粒度的表征及分析方法。

（b）掌握粉碎的基本概念。

（c）掌握物料的粉碎机理。

（d）了解常见的粉碎工艺及设备工作原理。

第三章　粉体合成工艺（6学时）

教学内容

（a）固相法。

（b）气相法。

（c）液相法。

学习要求

掌握常见粉体合成工艺的原理、合成过程及适用范围。

第四章　材料的热加工工艺及设备（12学时）

教学内容

    （a）概述。

    （b）干燥。

    （c）烧成。

    （d）主要设备及应用。

学习要求

    （a）掌握水泥、陶瓷、玻璃、耐火材料等的热加工工艺特性。

    （b）熟悉几种常用的典型材料的热加工设备特点。

    （c）了解国际上几种新型功能材料最新热加工工艺特点。

    第五章　先进工艺技术进展（2学时）

教学内容

    （a）国内进展。

    （b）国际进展。

学习要求

    （a）掌握国内国际几种典型功能材料的最新工艺及设备。

    （b）熟悉国内几种典型功能材料生产工艺优缺点。

    （c）了解未来功能材料开发的工艺特点。

（4）各教学环节学时分配

学时　　　　　环节 知识模块	讲课	习题课	讨论课	实验课	其他	合计
第一章　绪论	2					2
第二章　粉碎工艺及设备	10					10
第三章　粉体合成工艺	6					6
第四章　材料的热加工工艺及设备	12					12
第五章　先进工艺技术进展	2					2
合　　计	32					32

（5）考核评价方法及要求

    平时成绩30％，期末成绩70％。

（6）教材与主要教学参考资源

    教　　材：①《粉体技术及设备》，张长森，华东理工大学出版社

             ②《无机非金属材料热工设备》，姜洪舟，武汉理工大学出版社

    参考资源：

    ①《粉体工程与设备》，陶珍东，化学工业出版社

    ②《纳米材料制备技术》，王世敏，化学工业出版社

"先进能源材料"课程教学大纲

课程名称：先进能源材料

英文名称：Advanced Energy Materials

课程类型：专业必修课

总 学 时：32学时

学 分：2学分

适应对象：功能材料专业学生

主要先修课程：无机化学、物理化学

执行日期：2014年

（1）课程的性质与任务

"先进能源材料"课程是功能材料专业的必修专业课程之一。本课程主要讲授化学电源的一些基础理论知识以及锌-锰电池、铅酸电池、氢镍电池、锂离子电池的工作原理和设计思想。目前化学电源已经成为独立完整的科技与工业体系，成为社会经济生活中不可缺少的能源来源，作为功能材料专业的学生，必须充分了解有关于电池的最新研究成果。

（2）课程的教学目标

开设本课程是为了让学生了解化学电源的基本概念和基本理论；了解各种新型化学电源的结构、性能和制造工艺；特别是能够深入学术研究的前沿，了解国际最新的学术动态信息，为今后的学习和工作打好基础。

（3）教学内容及其基本要求

第一章　绪论（1学时）

教学内容

（a）国内外化学电源研究现状。

（b）锌-锰电池、铅酸蓄电池、镉-镍电池、氢-镍电池、锂离子电池、燃料电池。

学习要求

（a）掌握化学电源的基本概念和基本理论。

（b）了解锌-锰电池、铅酸蓄电池、镉-镍电池、氢-镍电池、锂离子电池、燃料电池等新型化学电源的结构、性能和制造工艺。

第二章　化学电源概论（1学时）

教学内容：

（a）化学电源的组成：电极类型及结构、电极粘接剂、隔膜、封口剂、电池组。

（b）化学电源的分类：化学电源按工作性质和储存方式分类。

（c）化学电源的工作原理：一次电池工作原理、高能电池原理。

（d）化学电源的性能：原电池电动势、电池内阻、开路电压和工作电压、电池的容量与比容量、电池的能量和比能量、电池的功率和比功率、贮存性能和自放电、电池寿命。

学习要求

掌握化学电源的组成及分类、电池理论容量和理论能量计算公式、电池内阻、放电电流的表示方法。

第三章　化学电源的理论基础（2 学时）

教学内容

（a）电池电动势：电动势产生原因。

（b）可逆电池和可逆电极：电极体系的分类、可逆电池热力学。

（c）浓差电池：离子浓差电池、电极浓差电池。

（d）电极过程：极化作用、过电位、能斯特方程、交换电流密度。

（e）气体电极过程：氢电极过程、氧电极过程、电催化作用、气体扩散电极。

学习要求

掌握电极体系的分类、可逆电池热力学计算、过电位、能斯特方程、交换电流密度、气体扩散电极定义。

第四章　一次化学电源（4 学时）

教学内容

（a）概述：一次电池命名。

（b）锌-锰电池：分类、结构、主要原材料、生产工艺、锌皮腐蚀和气胀问题、铜帽腐蚀问题、MnO_2 电极材料、锌电极材料、电性能。

（c）锌-汞电池：工作原理、结构、电性能。

（d）锌-银电池：工作原理、氧化银电极充放电原理、结构。

（e）锌-空气电池：工作原理、结构、电性能。

学习要求

掌握锌-锰电池的生产工艺、MnO_2 电极阴极还原机理、锌的钝化与自放电、四种电池的工作原理。

第五章　铅酸蓄电池（6 学时）

教学内容

（a）概述：铅酸蓄电池的结构。

（b）铅酸蓄电池的化学原理：电池反应、电位-pH 图。

（c）二氧化铅电极：PbO_2 的物理化学性质、正极活性物质性能恶化的原因、充放电反应机理、自放电原因。

（d）负极活性物质：充放电机理、铅负极钝化、膨胀剂、阻化剂、负极不可逆硫酸盐化及消除方法、铅负极自放电。

（e）板栅合金：板栅的作用及性能、板栅腐蚀、板栅合金分类。

（f）铅酸蓄电池的制造工艺：生极板制造、极板化成、装配。

（g）铅酸蓄电池的性能：内阻、充放电特性、贮存性能。

（h）密封免维护铅酸蓄电池：工作原理。

学习要求

掌握铅酸蓄电池的工作原理、结构、正极自放电原因、铅负极钝化、负极不可逆硫酸盐化原因、自放电原因、铅酸蓄电池的制造工艺。

第六章　镉-镍电池（2 学时）

教学内容

（a）概述：分类。

（b）镉–镍电池的工作原理：电池反应、氧化镍电极工作原理、镉电极的反应机理、镉电极的钝化。

（c）镉–镍电池的电性能。

（d）电极材料及电极的制造：正（负）极活性物质的制备、电极制造技术。

（e）镉–镍电池的结构。

（f）密封镉–镍电池的工作原理。

学习要求

掌握镉–镍电池的工作原理、镉电极的钝化、密封镉–镍电池工作原理。

第七章　氢–镍电池（4学时）

教学内容

（a）概述：高压氢–镍电池和低压氢–镍电池的优缺点。

（b）高压氢–镍电池：化学原理、单体电池的结构、电性能。

（c）金属氢化物–镍（$MH-Ni$）电池：工作原理、金属氢化物的基本特性。

（d）储氢合金负极材料：定义、需满足的条件、分类、各类储氢合金特点介绍。

学习要求

掌握高压氢–镍电池和低压氢–镍电池的工作原理、耐过充过放特性、储氢合金需满足的条件、分类。

第八章　锂电池（1学时）

教学内容

（a）概述：定义、分类、命名。

（b）锂电池的组成：锂负极、正极物质、电解液

（c）锂有机电解质电池：$Li-MnO_2$电池、$Li-SO_2$电池、$Li-(CF_x)_n$电池。

（d）锂无机电解质电池：$Li-SOCl_2$电池。

学习要求

掌握锂电池的命名方法、电解液的选择。

第九章　锂离子电池（5学时）

教学内容

（a）概述：锂离子电池的定义、特点。

（b）锂离子电池的化学原理、结构和制造工艺、电性能。

（c）锂离子聚合物电池简介。

（d）锂离子电池正极材料：$LiCoO_2$、$LiNiO_2$、$LiMn_2O_4$、$LiFePO_4$、三元材料等。

（e）锂离子电池负极材料：石墨、不可逆容量损失、SEI膜成因、软碳、硬碳。

（f）锂离子电池电解液。

（g）锂离子电池隔膜：分类、电流切断特性。

实验　锂离子扣式电池的组装与测试

实验目的：了解锂离子扣式电池的结构，锂离子扣式电池正极的制备方法，锂离子扣式电池的电化学性能测试方法。

学习要求

掌握锂离子电池的定义、特点、化学原理、不可逆容量损失、SEI膜成因。

第十章　燃料电池（2学时）

教学内容

（a）概述：燃料电池的发展历史、特点、类型。

（b）燃料电池的工作原理。

（c）燃料电池的类型：碱性氢-氧燃料电池、磷酸型燃料电池、熔融碳酸盐燃料电池、固体氧化物燃料电池、质子交换膜型燃料电池。

学习要求

掌握燃料电池的工作原理、类型及各类型燃料电池的特点。

（4）各教学环节学时分配

学时　　　　　　　　环节 知识模块	讲课	习题课	讨论课	实验课	其他	合计
第一章　绪论	1					1
第二章　化学电源概论	1					1
第三章　化学电源的理论基础	2					2
第四章　一次化学电源	4					4
第五章　铅酸蓄电池	6					6
第六章　镉-镍电池	2					2
第七章　氢-镍电池	4					4
第八章　锂电池	1					1
第九章　锂离子电池	5			4		9
第十章　燃料电池	2					2
合　　　计	28			4		32

（5）考核评价方法及要求

闭卷考试，考试成绩与平时成绩相结合（总成绩＝30％平时成绩＋70％期末考试成绩），平时成绩包括考勤、作业、实验报告三部分。

（6）教材与主要教学参考资源

教　　　材：《化学电源——电池原理及制造技术》，郭炳焜，中南大学出版社

参考资源：

①《化学电源：原理、技术与应用》，陈军等，化学工业出版社

②《化学电源》，程新群，化学工业出版社

③《能源电化学》，陆天虹，化学工业出版社

"生态环境功能材料"课程教学大纲

课程名称：生态环境功能材料

英文名称：Eco - functional Materials Science

课程类型：专业必修课程

总 学 时：33学时

学　　　分：2学分

适应对象：功能材料专业学生

主要先修课程：物理化学、材料科学基础

执行日期：2014 年

（1）课程的性质及任务

"生态环境功能材料"课程是功能材料专业方向的必修专业课。本课程主要讲述环境材料的内涵、基本理论与基本概念；材料的环境协调性评价以及材料和产品的生态设计；金属材料、无机非金属材料以及有机高分子材料等传统材料的生态化改造相关理论与方法；抗菌功能材料、空气净化功能材料、水净化功能材料、健康功能材料、易洁陶瓷、电磁波防护材料等绿色环境功能材料的制备技术、性能；生态环境功能材料及产品的发展趋势。

（2）课程的教学目标

开设本课程是为了让学生用生态平衡和生态环境协调的观点重新审视已有的材料的生产技术和工艺，开发研究新的材料生产技术和工艺，以及对既有材料的工艺和技术进行生态环境协调性的改造。希望通过学习，学生对课程提出的新观点、新思路能够理解，便于以后应用和发挥。

（3）教学内容及其基本要求

第一章　导论（2学时）

教学内容

（a）引言。

（b）生态环境材料。

（c）生态环境材料的研究内容。

（d）生态环境材料的发展趋势。

学习要求

（a）掌握生态环境材料的概念、研究内容及发展趋势。

（b）熟悉生态战略的内涵。

（c）了解全球尤其是中国的环境污染情况。

第二章　生态环境材料基础（8学时）

教学内容

（a）材料和产品的环境协调性设计及评价。

（b）金属类生态环境材料的生态化改造。

（c）有机高分子类生态环境材料的生态化改造。

（d）生物资源高分子材料的生态化改造。

（e）无机非金属类生态环境材料的生态化改造。

学习要求

（a）掌握材料和产品的环境协调性设计及评价的相关理论。

（b）掌握金属材料、有机高分子、生物资源高分子材料和无机非金属类生态环境材料的生态化设计及改造对策。

（c）熟悉开发各类高性能生态环境材料的思路及方法。

（d）了解与环境协调的各类生态环境材料评价理论、再生理论、固态废弃物综合利用情况。

第三章　抗菌功能材料（8学时）

教学内容

（a）引言。

（b）抗菌功能材料的定义和分类。

（c）陶瓷抗菌机理。

（d）抗菌材料制品。

（e）抗菌性能测试。

实验一　培养基的制备

实验二　抗菌性能评价与测试

实验要求

（a）掌握光催化抗菌材料、含金属离子的抗菌材料、金属氧化物抗菌材料、稀土激活材料抗菌机理。

（b）掌握陶瓷抗菌机理。

（c）熟悉抗菌功能材料的定义和分类。

（d）熟悉几种典型抗菌材料制品的开发应用情况。

（e）了解抗菌功能材料发展历史及现状。

（f）了解抗菌材料的评价方法。

第四章　易洁陶瓷（2学时）

教学内容

（a）引言。

（b）陶瓷易洁机理。

（c）易洁性能测试及评价。

学习要求

（a）了解我国日用陶瓷的在国际上的地位及现状。

（b）理解易洁陶瓷的易洁机理。

（c）掌握易洁陶瓷的产品技术开发。

第五章　空气净化功能材料（4学时）

教学内容

（a）引言。

（b）室内有害气体净化功能材料。

（c）已经开发成功的其他室内环境材料。

（d）空气净化功能材料的发展方向。

学习要求

（a）掌握居室有害气体净化功能材料。

（b）掌握负离子的产生机理、产生负离子的材料及相关产品开发。

（c）熟悉室内环境污染的防治。

（d）熟悉负离子对人体健康的影响。

（e）了解环境净化功能材料的开发背景。

（f）了解空气中负离子及化学式等基础知识。

第六章　水净化功能材料（4学时）

教学内容

（a）引言。

（b）健康饮用水。

（c）水净化功能材料分类及其净化机理。

（d）水净化功能材料产品开发。

学习要求

（a）了解目前国内、国际水资源现状。

（b）熟悉水净化功能材料的净化机理。

（c）掌握水净化功能材料的开发技术。

第七章　健康功能材料（2学时）

教学内容

（a）引言。

（b）健康功能。

（c）健康功能材料保健机理。

（d）健康功能材料产品开发。

学习要求

（a）掌握电气石矿物材料自极化检测方法。

（b）熟悉电气石矿物材料自极化在环境领域中的应用情况。

（c）了解电气石矿物材料研究背景。

第八章　电磁波防护材料（2学时）

教学内容

（a）引言。

（b）电磁波防护材料作用机理。

（c）电磁波防护材料性能评价。

（d）电磁波防护材料产品开发。

学习要求

（a）了解电磁波污染状况及相关概念。

（b）熟悉电磁波防护材料作用机理及评价。

（c）掌握电磁波防护材料产品开发。

（4）各教学环节学时分配

学时 环节 知识模块	讲课	习题课	讨论课	实验课	其他	合计
第一章　导论	2					2
第二章　生态环境材料基础	8					8
第三章　抗菌功能材料	4			4		8
第四章　易洁陶瓷	2					2
第五章　空气净化功能材料	4					4
第六章　水净化功能材料	4					4
第七章　健康功能材料	2					2
第八章　电磁波防护材料	2					2
合　　计	28			4		32

（5）考核评价方法及要求

开卷考试，学期总成绩＝平时成绩（占总成绩 30％，考勤＋作业）＋考试成绩（占总成绩 70％）。

（6）教材与主要教学参考资源

教　　　材：《环境材料基础》，左铁镛，科学出版社

参考资源：

① 《生态环境材料》，王天民，天津大学出版社

② 《环境材料》，刘江胜龙，冶金工业出版社

③ 《环境工程材料》，翁瑞，清华大学出版社

网络学习资源、相关学术刊物等

"功能材料导论"课程教学大纲

课程名称：功能材料导论

英文名称：An Introduction to Functional Materials

课程类型：专业必修课程

总 学 时：32 学时

学　　分：2

适应对象：功能材料专业学生

主要先修课程：材料科学基础，材料物理化学

执行日期：2014 年

（1）课程的性质及任务

功能材料是能源、计算机、通信、电子、激光等现代科学的基础，在未来的社会发展中具有重大战略意义。本课程主要介绍功能材料的研究现状和发展趋势，使学生深入了解并掌握常见功能材料的基本概念、种类、特点和应用情况，培养学生对于新型功能材料的兴趣，拓宽学生的专业知识面，加深对专业的认识和应用，为高水平综合性材料人才的培养奠定基础。

（2）课程的教学目标

通过本课程的学习，学生能了解功能材料目前的研究范围和进展趋势，掌握功能材料的概念、特点及常见功能材料的基本知识、制备工艺，熟悉各类功能材料的组成、性能和应用。

（3）教学内容及其基本要求

第一章　绪论（2 学时）

教学内容

（a）功能材料的发展和分类。

（b）新型功能材料及研究进展。

（c）加快发展高技术新材料的建议。

（d）原子的电子排列，固体的能带理论与导电性。

教学要求

（a）了解功能材料的研究范围和进展趋势，原子的电子排列与能带理论。

（b）掌握 功能材料的概念、分类和特点。

第二章　微电子/光电子材料（4学时）

教学内容

（a）导电材料。

（b）半导体材料，半导体材料的物理基础；硅、锗、化合物和非晶态半导体材料。半导体微结构材料。

（c）超导材料，超导材料的基本性质和特征；超导电性的理论基础和微观机制。超导材料的种类、性能和应用。

（d）光学材料，红外光学材料；发光材料；固体激光材料；光纤材料；液晶材料。

教学要求

（a）了解半导体的微结构，PN结和超晶格；超导材料的发展、种类和应用；光学材料的种类和特点。

（b）熟悉常见元素、化合物及非晶半导体的特点。

（c）掌握 半导体的能带结构、导电性和光吸收特性；超导材料的基本物理特征、临界参数和BCS微观图像；红外探测原理、发光原理和特点、光纤传输原理和要求以及激光特点和产生的条件。

第三章　太阳电池材料（4学时）

教学内容

（a）太阳电池的发展。

（b）太阳电池的分类。

（c）太阳电池的生产工艺。

（d）太阳电池的发展趋势。

教学要求

（a）了解太阳电池的种类和发展。

（b）熟悉太阳电池的生产工艺。

第四章　磁性材料（2学时）

教学内容

（a）材料的磁性。

（b）磁性材料的种类和特征。

（c）磁性材料的应用。

教学要求

（a）了解磁记录材料的原理、种类和要求。

（b）掌握铁磁材料磁滞回线，硬磁材料和软磁材料的特点。

（c）熟悉硬磁材料和软磁材料的物质种类和特点。

第五章　功能转换材料（2学时）

教学内容

（a）压电材料。

（b）热释电材料。

（c）光电材料。

（d）热电材料。

（e）电光材料。

（f）磁光材料。

　　（g）声光材料。

教学要求

　　（a）了解功能转换材料的物质种类和应用。

　　（b）掌握压电效应、热释电效应、光电效应、热电效应、电光、磁光和声光效应。

　　第六章　智能材料（2学时）

教学内容

　　（a）智能材料的定义与内涵。

　　（b）智能材料的分类与智能材料系统。

　　（c）形状记忆效应。

　　（d）形状记忆合金。

　　（e）形状记忆聚合物。

　　（f）形状记忆材料的应用。

　　（g）无机非金属系与高分子系智能材料。

教学要求

　　（a）了解形状记忆合金、聚合物的形状记忆原理和品种。

　　（b）掌握形状记忆合金的原理。

　　（c）熟悉：形状记忆合金的种类和特点，无机非金属系与高分子系智能材料的种类和特点。

　　第七章　生物医用材料（2学时）

教学内容

　　（a）生物医学材料的发展概况。

　　（b）生物材料的分类及性能。

　　（c）对医用生物材料的性能要求。

　　（d）医用金属材料。

　　（e）医用高分子材料。

　　（f）生物材料的发展趋势。

教学要求

　　（a）掌握医用生物材料的功能分类和性能要求。

　　（b）熟悉医用生物材料的种类、特点和应用。

　　第八章　功能薄膜材料（2学时）

教学内容

　　（a）真空的基本知识。

　　（b）薄膜沉积的物理方法。

　　（c）薄膜沉积的化学方法。

　　（d）薄膜的形核与生长。

　　（e）导电薄膜。

　　（f）光学薄膜。

　　（g）磁性薄膜。

教学要求

（a）了解真空的基本知识。

（b）掌握功能薄膜材料的制备方法以及薄膜材料的分类。

（c）熟悉导电、磁性和光学薄膜的相关种类及应用。

第九章　隐身材料（2学时）

教学内容

（a）隐身技术的定义。

（b）隐身材料技术的发展概况。

（c）雷达吸波隐身吸波剂及制备方法。

（d）雷达吸波隐身材料。

（e）红外与激光隐身材料。

（f）可见光隐身材料。

教学要求

（a）了解隐身技术的概念和发展情况。

（b）掌握隐身剂的制备工艺和应用。

第十章　梯度功能材料（2学时）

教学内容

（a）梯度功能材料的分类及其特点。

（b）梯度光折射率材料。

（c）热防护梯度功能材料。

（d）梯度功能材料的应用。

教学要求

（a）了解梯度功能材料的概念以及分类。

（b）熟悉梯度功能材料的特点以及应用。

第十一章　稀土材料（2学时）

教学内容

（a）稀土资源。

（b）稀土冶炼工艺。

（c）稀土功能材料。

（d）稀土材料的研究与发展。

教学要求

熟悉稀土资源现状以及稀土材料的分类、特点和应用。

第十二章　功能陶瓷材料（2学时）

教学内容

（a）陶瓷材料的发展概况。

（b）功能陶瓷的分类和特点。

（c）功能陶瓷的性能和工艺特征。

（d）功能陶瓷的应用和展望。

教学要求

（a）了解功能陶瓷的范围和应用。

（b）掌握导电陶瓷、半导体陶瓷和介电铁电陶瓷的基本知识。

第十三章　石墨烯（4 学时）

教学内容

（a）石墨烯的概念和发展简史。

（b）石墨烯的特性与制备工艺。

（c）石墨烯的应用前景。

（d）石墨烯材料的国内生产状况与生产实例。

教学要求

（a）了解石墨烯的概念和特性。

（b）掌握石墨烯的制备方法、工艺。

（4）各教学环节学时分配

学时　　　　　环节　知识模块	讲课	习题课	讨论课	实验课	其他	合计
第一章　绪论	2					2
第二章　微电子/光电子材料	4					4
第三章　太阳电池材料	4					4
第四章　磁性材料	2					2
第五章　功能转换材料	2					2
第六章　智能材料	2					2
第七章　生物医用材料	2					2
第八章　功能薄膜材料	2					2
第九章　隐身材料	2					2
第十章　梯度功能材料	2					2
第十一章　稀土材料	2					2
第十二章　功能陶瓷材料	2					2
第十三章　石墨烯	4					4
合　　计	32					32

（5）考核评价方法及要求

考试总评成绩根据平时成绩（包括考勤、作业、上课听讲等，占 30 %）和期终成绩（占 70 %）综合确定。

（6）教材与主要教学参考资源

教　　材：《功能材料概论》，殷景华，哈尔滨工业大学出版社

参考资源：

①《新型功能材料》，贡长生，化学工业出版社

②《功能材料概论——性能、制备与应用》，邓少生，化学工业出版社

③《功能材料概论》，殷景华，哈尔滨工业大学出版社

④《环境功能材料》，冯玉杰，化学工业出版社

"功能材料前沿讲座" 课程教学大纲

课程名称：功能材料前沿讲座

英文名称：Lectures on Frontiers of Functional Materials

课程类型：自主学习课程

总 学 时：32 学时

学　　分：2 学分

适应对象：功能材料专业学生

主要先修课程：

执行日期：2014 年

（1）课程的性质及任务

"功能材料前沿讲座"是为功能材料专业大一新生开设的自主学习课程。本课程主要介绍功能材料专业领域学术课题、研究前沿和热点课题，使学生对生态环境功能材料、新能源材料的组织、结构、制备过程和性能等的新理论和热点问题有较全面和深入的理解，掌握功能材料学术前沿的新理论和新工艺技术的研究动态，为今后学好基础理论和掌握专业基本技能奠定基础。

（2）课程的教学目标

本课程以听讲座为主、学生讨论为辅，结合课前文献查阅，要求学生在讲座开始前做好知识准备，在讲座的问答环节中积极参与、深度研讨，认真完成课后思考题。

（3）教学内容及其基本要求

第一章　生态环境功能材料研究与大学教育（4 学时）

教学内容

（a）我校功能材料专业基本情况。

（b）我国高校功能材料专业总体情况（3 批 21 所）。

（c）中国生态环境功能材料学术研究与产业发展动态。

学习要求

（a）全面了解我国功能材料专业建设的基本状况、典型高校功能材料专业特色以及发展动态、前景。

（b）了解我校功能材料专业特色的形成过程，以及新能源材料、生态环境功能材料等战略性新兴产业发展对创新科技和创新型人才的迫切需求。

第二章　无机非金属矿物功能材料发展趋势（4 学时）

教学内容

讲授无机矿物的性质、结构及应用，从传统的无机非金属材料的发展及面临的挑战，到新型矿物功能材料的现在和未来，从发展趋势、对人民生活的影响，到新型矿物功能材料在现代高科技领域、环境治理领域中的应用等。

学习要求

唤起本专业学生对矿物材料、环境矿物材料的学习兴趣。

第三章　电气石在催化领域的应用研究（4 学时）

教学内容

（a）催化材料简介。

（b）催化材料在生态环保方面的应用。

(c) 电气石矿物的结构与性能的关系。

(d) 电气石在催化材料中的作用机理。

学习要求

了解电气石在催化材料中的作用机理。

第四章　国内外电池技术的前沿动态（4学时）

教学内容

(a) 电池的发展历程。

(b) 电池的应用领域。

(c) 近年来国内外电池的最新发展。

(d) 新时代对电源技术的要求。

学习要求

(a) 了解新能源领域国家战略方向。

(b) 了解不同类型电池的特点、应用领域和发展方向。

第五章　功能材料在水处理领域的应用研究（4学时）

教学内容

(a) 常用水处理技术。

(b) 铜锌合金、远红外陶瓷的制备。

(c) 铜锌合金、远红外陶瓷性能表征。

(d) 铜锌合金、远红外陶瓷与水作用效果评价。

(e) 铜锌合金、远红外陶瓷与水作用机制。

学习要求

熟悉和了解材料在制备、性能表征、应用等过程的研究方法和理论依据。

第六章　锂电材料及其发展动向（2学时）

教学内容

(a) 锂电池与锂离子电池。

(b) 锂离子电池正极材料。

(c) 锂离子电池负极材料。

(d) 锂离子电池电解质。

(e) 电池隔膜。

学习要求

(a) 初步了解锂离子电池关键材料的种类、特点、存在问题及发展方向。

(b) 提醒学生注意材料开发及研究过程是数学、物理、化学和材料学等学科的融合过程，并为以后的专业发展做好准备。

第七章　电池制造及性能表征（2学时）

教学内容

(a) 锂离子电池的发展历程。

(b) 锂离子电池的特点及工作原理。

(c) 锂离子电池的分类。

(d) 圆柱型锂离子电池的制造工艺。

(e) 锂离子电池性能表征参数。

学习要求

（a）了解锂离子电池的特点、工作原理及分类。

（b）熟悉圆柱型锂离子电池的制造工艺以及表征锂离子电池性能的参数。

第八章　生态环境功能陶瓷的研究现状（2学时）

教学内容

（a）陶瓷材料的定义、成分、工艺、结构、分类、性能及应用。

（b）易洁抗菌功能陶瓷的概念、制备方法、评价方法及机理。

（c）陶瓷轻量化、薄型化：陶瓷强韧化研究现状、天然纳米纤维强韧化陶瓷。

学习要求

（a）认识和了解陶瓷材料。

（b）了解我国传统陶瓷产业的现状及发展趋势。

（c）了解高品质功能化陶瓷材料的研究现状。

（d）了解易洁抗菌功能陶瓷、天然纳米纤维强韧化陶瓷。

第九章　绿色环境功能材料开发（2学时）

教学内容

（a）无机抗菌功能材料。

（b）空气净化功能材料。

（c）负离子与健康功能材料。

（d）纳米自清洁外墙涂料。

（e）环境友好内墙功能涂料。

学习要求

（a）认识和了解国内外绿色环境功能材料的现状及发展趋势。

（b）掌握无机抗菌功能材料、空气净化功能材料、负离子与健康功能材料、纳米自清洁外墙涂料、环境友好内墙功能涂料等绿色环境功能材料的相关制备技术及产品开发情况。

第十章　海泡石族矿物纤维材料深加工及应用研究（2学时）

教学内容

（a）海泡石族矿物的性质及常用的处理技术。

（b）海泡石族矿物纤维材料的深加工。

（c）海泡石族矿物纤维材料的表征及性能评价。

（d）基于深加工海泡石族矿物复合材料的制备。

（e）基于深加工海泡石族矿物复合材料的表征及性能评价。

学习要求

（a）了解海泡石、坡缕石矿物常用的深加工等处理技术，及其隔热、吸附等性能的评价方法。

（b）了解基于深加工海泡石、坡缕石复合材料的制备、表征及性能评价方法。

第十一章　多孔活性炭材料制备及其应用（2学时）

教学内容

（a）活性炭的基本概念。

（b）活性炭的孔隙结构。

（c）活性炭的应用现状。

(d) 活性炭的吸附性能。

(e) 活性炭的质量指标。

学习要求

(a) 了解多孔活性炭材料的制备技术、工艺参数以及表征评价方法。

(b) 了解多孔吸附材料的应用现状和未来发展趋势。

(4) 各教学环节学时分配

学时 \ 环节 知识模块	讲课	习题课	讨论课	实验课	其他	合计
第一章 生态环境功能材料研究与大学教育	4					4
第二章 无机非金属矿物功能材料发展趋势	4					4
第三章 电气石在催化领域的应用研究	4					4
第四章 国内外电池技术的前沿动态	4					4
第五章 功能材料在水处理领域的应用研究	4					4
第六章 锂电材料及其发展动向	2					2
第七章 电池制造及性能表征	2					2
第八章 生态环境功能陶瓷的研究现状	2					2
第九章 绿色环境功能材料开发	2					2
第十章 海泡石族矿物纤维材料深加工及应用研究	2					2
第十一章 多孔活性炭材料制备及其应用	2					2
合　计	32					32

(5) 考核评价方法及要求

出勤占期末总成绩的 20%，课上回答问题及与教师互动占期末总成绩的 80%。

(6) 教材与主要教学参考资源

教　　材：自编讲议

参考资源：期刊数据库及多媒体课件

2. 专业选修课

专业选修课是高校本科生培养目标中"重基础、宽口径"及专业课程教学的重要组成部分，对于夯实学生的专业基础，提高学生的专业能力，增强就业竞争力意义重大。因此必须重视和发展专业选修课程，使其更好地在专业课程教学中发挥作用。功能材料专业选修课程有"无机非金属材料概论""清洁能源概论""环境科学概论""环境矿物材料""功能材料分析与表征""功能高分子材料"，在开设的选修课中选修 8 学分即可完成学分要求。

1）专业选修课课程简介

专业选修课课程简介见下表。

表 2－4　专业选修课课程简介

课程名称：**无机非金属材料概论**
英文名称：Generality of Inorganic Nonmetal Materials
学　　分：2
教学时数：32（理论：32；实践：0；上机：0）
课程内容：传统无机非金属材料、新型无机非金属材料的制备工艺、性能及应用。
教　　材：《无机非金属材料概论》，戴金辉，哈尔滨工业大学出版社
参　考　书：《无机非金属材料科学基础》，陆佩文，武汉工业大学出版社
先修课程：材料科学基础、现代材料分析方法、无机材料物理性能等

课程名称：**清洁能源概论**
英文名称：Clean Energy Conspectus
学　　分：2
教学时数：32（理论：32；实践：0；上机：0）
课程内容：能源的本质和科学利用，传统能源的清洁化利用及新型能源的开发和利用技术，探讨未来的发展趋势及挑战。
教　　材：《能源概论》，黄素逸，高等教育出版社
先修课程：材料科学基础、现代材料分析方法等

课程名称：**环境科学概论**
英文名称：Introduction to Environment Science
学　　分：2
教学时数：32（理论：32；实践：0；上机：0）
课程内容：介绍环境科学与工程及环境保护和治理的基本知识、基本概念。
教　　材：《环境科学概论》，刘培桐，高等教育出版社
参　考　书：①《环境学基础》，鞠美庭，化学工业出版社
　　　　　　②《环境学导论》，何强，清华大学出版社
先修课程：材料科学基础、现代材料分析方法等

课程名称：**环境矿物材料**

英文名称：Environmental Mineral Materials

学　　分：2

教学时数：32（理论：32；实践：0；上机：0）

课程内容：矿物岩石的基本概念、环境矿物性能、作用、分类及应用、矿物功能材料、矿物的表面改性及科学利用，并对传统的水泥、玻璃、陶瓷材料进行简单介绍。

教　　材：《矿物材料学导论》，倪文，科学出版社

参 考 书：①《硅酸盐物理化学》，饶东生，冶金工业出版社

　　　　　②《矿物材料加工学》，邱冠周，中南大学出版社

　　　　　③《岩矿材料工艺学》，沈上越，中国地质大学出版社

　　　　　④《工业矿物与岩石》，马鸿文，中国地质大学出版社

先修课程：无机非金属材料概论、环境科学概论等

课程名称：**功能材料分析与表征**

英文名称：Characterization of Functional Materials

学　　分：2

教学时数：32（理论：32；实践：0；上机：0）

课程内容：分析仪器的方法原理和主要装置、应用领域和应用限制条件、关键部件的工作原理和结构、结果解析方法。

教　　材：《现代仪器分析》（第2版），刘约权，高等教育出版社

参 考 书：①《仪器分析》，刘宇，天津大学出版社

　　　　　②《仪器分析》，朱明华，高等教育出版社

　　　　　③《仪器分析》，武汉大学化学系，高等教育出版社

先修课程：材料科学基础、无机化学、有机化学、现代材料分析方法等

课程名称：**功能高分子材料**

英文名称：Functional Polymer Materials

学　　分：2

教学时数：32（理论：32；实践：0；上机：0）

课程内容：反应型功能高分子材料、导电高分子材料、电活性高分子材料、高分子液晶材料、高分子功能膜材料、光敏高分子材料、吸附性高分子材料、医用高分子材料的特性、构效关系、制备方法和应用领域。

教　　材：《功能高分子材料》，赵文元，王亦军，化学工业出版社

参考教材：《功能高分子材料化学》，赵文元，王亦军，化学工业出版社

先修课程：材料科学基础、无机化学、有机化学等

2）专业选修课程教学大纲

以下为各门专业选修课课程教学大纲。

"无机非金属材料概论"课程教学大纲

课程名称：无机非金属材料概论

英文名称：Inorganic Materials Outline

课程类型：专业选修课程

总 学 时：32学时

学 分：2学分

适应对象：功能材料专业学生

先修课程：材料科学基础

执行日期：2014年

（1）课程的性质及任务

"无机非金属材料概论"课程是功能材料专业选修课程之一，主要讲述传统无机非金属材料、新型无机非金属材料的组织结构、材料性能及使用性能、制备方法、应用等，了解各材料领域的新成果和发展趋势，应用理论解决实际问题。通过本课程的学习，可使学生掌握无机非金属材料的基本知识和基本理论，为培养综合素质高、科研能力强、具有跨学科知识结构的功能材料复合型人才奠定专业理论基础。

（2）课程的教学目标

"无机非金属材料概论"课程主要通过课堂讲授、课堂作业及期末考试等环节完成教学任务。通过本课程的学习，要求学生掌握传统无机非金属材料、新型无机非金属材料的组成成分、制备工艺、组织结构、性能及应用的相关专业知识及专业理论。

（3）教学内容及其基本要求

第一章 传统无机非金属材料（18学时）

教学内容

（a）水泥材料及制备工艺。（4学时）

基本内容：硅酸盐水泥的性能、分类、用途及制备工艺。

重点内容：硅酸盐水泥的生产工艺。

难点内容：硅酸盐水泥熟料制备过程控制（煅烧过程中物理化学变化对制品质量的影响）。

（b）日用陶瓷材料及制备工艺。（4学时）

基本内容：日用陶瓷的定义、性能、分类、用途及制备工艺。

重点内容：日用陶瓷的生产工艺。

难点内容：釉料的制备及施釉。

（c）玻璃及制备工艺（4学时）

基本内容：玻璃的性能、分类、用途及制备工艺。

重点内容：玻璃的结构特征及生产工艺。

难点内容：玻璃的结构。

（d）耐火材料。（2学时）

基本内容：耐火材料的组成、结构和性能。

重点内容：耐火材料的高温使用性能。

难点内容：耐火材料的结构。

（e）热工设备。（2学时）

基本内容：热工设备的定义；粉碎过程的工作原理及工艺方法；粉碎方法及种类。

重点内容：粉碎过程的工艺方法。

难点内容：粉碎过程的工作原理。

（f）天然石材。（2学时）

基本内容：天然石材定义、形成及应用。

重点内容：天然石材的性质。

难点内容：天然石材的耐久性。

学习要求

（a）掌握硅酸盐水泥的组成及制备方法；熟悉硅酸盐水泥的主要成分及性能参数；了解水泥的定义、特点、分类及用途。

（b）掌握日用陶瓷材料的制备工艺；熟悉日用陶瓷材料的性能及特点；了解日用陶瓷的原料种类。

（c）掌握玻璃的特征、结构及制备工艺；熟悉玻璃制备过程中的各工艺参数对其质量的影响；了解玻璃的特点、分类及用途。

（d）掌握耐火材料的结构、性能和生产工艺；熟悉耐火材料的组成；了解耐火材料的定义、分类及用途。

（e）掌握热工设备的定义、粉碎过程的工作原理及工艺方法；熟悉热工设备的种类；了解粉碎理论。

（f）掌握天然石材的定义、分类、性质及用途；熟悉天然石材的选择方法；了解天然石材的成因过程。

第二章　无机非金属新材料（12学时）

教学内容

（a）特种结构陶瓷材料及制备工艺。（2学时）

基本内容：结构陶瓷的定义、性能、分类、用途及制备工艺。

重点内容：结构陶瓷的性能。

难点内容：结构陶瓷的制备。

（b）特种功能陶瓷材料及制备工艺。（2学时）

基本内容：功能陶瓷的定义、性能、分类、用途及发展趋势。

重点内容：功能陶瓷的性能。

难点内容：功能陶瓷的制备。

（c）微晶玻璃。（2学时）

基本内容：微晶玻璃的定义、性能、分类、用途及制备工艺。

重点内容：微晶玻璃的生产工艺。

难点内容：微晶玻璃的热处理制度（如热处理制度对主晶相种类、大小、数量的影响）。

（d）钢化玻璃。（2学时）

基本内容：钢化玻璃的定义、基本性能和生产工艺。

重点内容：钢化玻璃的生产工艺。

难点内容：钢化玻璃热钢化工艺制度。

（e）高性能混凝土。（2学时）

基本内容：混凝土定义、性能、技术途径、组成材料、物理力学特性。

重点内容：提高高性能混凝土性能的技术途径。

难点内容：和易性及坍落度测试方法。

（f）碳纤维材料。（2学时）

基本内容：碳纤维材料的化学组成、性能、分类及制备过程。

重点内容：碳纤维材料的优异性能。

难点内容：碳纤维材料生产过程中的预氧化、碳化、石墨化环节。

学习要求

（a）掌握结构陶瓷性能及工艺制备过程；熟悉结构陶瓷与传统陶瓷区别；了解结构陶瓷的用途。

（b）掌握功能陶瓷性能及发展趋势；熟悉功能陶瓷的分类；了解功能陶瓷的用途。

（c）掌握微晶玻璃的组成及制备方法；熟悉微晶玻璃的晶化热处理过程；了解微晶玻璃的定义、性能、分类及用途。

（d）掌握钢化玻璃的定义、基本性能和生产工艺；熟悉钢化玻璃的用途；了解影响钢化玻璃钢化的因素。

（e）掌握提高高性能混凝土性能的技术途径；熟悉高性能混凝土的结构特点及技术指标；了解高性能混凝土的原料选择方法。

（f）掌握碳纤维材料的化学组成及分类；熟悉碳纤维材料的性能和制备方法；了解碳纤维材料应用领域。

复习课（2学时）

（4）各教学环节学时分配

知识模块 \ 环节	讲课	习题课	讨论课	实验课	其他	合计
第一章　传统无机非金属材料	18					18
第二章　无机非金属新材料	12					12
复习与答疑	2					2
合　　计	32					32

（5）考核评价方法及要求

闭卷考试，学期总成绩＝平时成绩（考勤＋作业，占总成绩30%）＋考试成绩（占总成绩70%）。

（6）教材与主要教学参考资源

教　　材：《无机非金属材料概论》，戴金辉，哈尔滨工业大学出版社

参考资源：《无机非金属材料科学基础》，樊先平，浙江大学出版社

"清洁能源概论"课程教学大纲

课程名称：清洁能源概论

英文名称：Clean Energy Conspectus

课程类型：专业选修课程

总 学 时：32学时

学　　分：2学分

适应对象：功能材料专业学生

主要先修课程：无

执行日期：2014 年

（1）课程的性质及任务

    清洁能源是推动国家经济发展的动力，是 21 世纪的科学技术、工业现代化、国家经济建设，人民生活水平提高的基础保证。清洁能源科学及技术的大量应用，是实现国家绿色、可持续发展的关键，也是新型材料技术领域的重要研究方向之一。培养学生对能源材料及相关科学原理、应用技术的认识水平，树立可持续发展的观念。激发他们开发新能源的兴趣和创新思想，更好的服务国家经济建设，造福社会。

（2）课程的教学目标

    开设该课程是为了适应目前国民经济的飞速发展，让学生充分了解作为国民经济发展动力的绿色清洁能源工业及相关科学技术的发展概况；认识清洁能源与人民生活和人类生存环境的关系；培养新型清洁能源开发和能源科学利用的专业人才。

（3）教学内容及其基本要求

第一章　绪论（4 学时）

教学内容

（a）能量与能源。

（b）能源与人类文明。

（c）能源、环境与可持续发展。

第二章　能源的转换与利用（4 学时）

教学内容

（a）能量转换的基本原理。

（b）能量的传输与储存。

（c）常规能源。

第三章　核能及核能材料（4 学时）

教学内容

（a）核能与核力。

（b）能量与质量亏损。

（c）核裂变和核聚变。

（d）核燃料的生产与核废料处理。

（e）核燃料资源。

（f）核反应堆分类与特点。

（g）核聚变前景与未来。

第四章　太阳能及太阳电池材料（4 学时）

教学内容

（a）太阳能概述。

（b）太阳的结构与能量。

（c）太阳热能的利用。

（d）太阳光能的利用。

第五章　风能及风力发电机（3 学时）

教学内容

（a）风的知识。

（b）风能资源。

（c）风能利用。

（d）风力发电机。

第六章　地热能及应用（2学时）

教学内容

（a）地球的内部构造。

（b）地热分类与特点。

（c）地热能的利用。

第七章　海洋能（3学时）

教学内容

（a）海洋能概述。

（b）潮汐能及发电。

（c）波浪能及应用。

（d）海洋温差能。

（e）海洋盐差能。

（f）海流能。

（g）天然气水合物结构、资源及应用。

第八章　生物质能（2学时）

教学内容

（a）生物质能简介。

（b）生物质能资源与环境。

（c）生物质能的应用技术。

第九章　氢能及应用（2学时）

教学内容

（a）氢能。

（b）氢能应用应解决。

（c）氢的制取。

（d）氢的运输与存储技术。

（e）燃料电池。

（f）氢能经济。

第十章　煤层气、油页岩、页岩气（2学时）

教学内容

（a）煤层气的存储特点。

（b）煤层气的开采技术。

（c）煤层气开发与环境保护。

（d）油页岩与页岩气的性质。

（e）油页岩与页岩气的开采技术。

学习要求

（a）掌握能源与经济发展的关系。

（b）理解热力学相关原理。

（c）学会能源与能源效率的计算及利用。

（d）理解能源对环境的影响。

（e）学会新型清洁能源的开发技术及相关原理。

（4）各教学环节学时分配

学时＼环节＼知识模块	讲课	习题课	讨论课	实验课	其他	合计
第一章　绪论	4					4
第二章　能源的转换与利用	4					4
第三章　核能及核能材料	4					4
第四章　太阳能及太阳电池材料	4					4
第五章　风能及风力发电机	3					3
第六章　地热能及应用	2					2
第七章　海洋能	3					3
第八章　生物质能	2					2
第九章　氢能及应用	2					2
第十章　煤层气、油页岩、页岩气	4					4
合　　计	32					32

（5）考核评价方法及要求

开卷考试，学期总成绩＝平时成绩（占总成绩30％，考勤＋作业）＋考试成绩（占总成绩70％）。

（6）教材与主要教学参考资源

教　　材：《能源概论》，黄素逸、高伟，高等教育出版社

参考资源：

①《能源工程》，曹源泉，浙江大学出版社

②《能源工程管理》，陈学俊，机械工程出版社

③《新能源材料》，雷永泉，天津大学出版社

"环境科学概论"课程教学大纲

课程名称：环境科学概论

英文名称：Introduction to Environment Science

课程类型：专业选修课程

总 学 时：32学时

学　　分：2.0学分

适应对象：功能材料专业学生

主要先修课程：无机化学、有机化学、物理化学等

执行日期：2014 年

（1）课程的性质与任务

"环境科学概论"课程是功能材料专业的专业选修课，通过本课程的教学，使学生了解污染物在自然环境中的迁移转化规律，污染物对人体健康的危害和污染后的环境对社会经济发展的影响，充分认识环境保护的重要性和必要性，形成正确的环境伦理观念和环保意识。

（2）课程的教学目标

深入系统地了解环境、环境问题及其在发展中的作用；理解为什么环境问题是复杂并且是相互关联的；认识到环境问题是涉及社会、伦理、政治、经济等领域而不仅仅是科学与技术问题；了解各种环境要素中存在的环境问题、这些问题对其他环境要素的影响及其尽可能合理的解决方法。最终，通过围绕环境问题的讨论，将工科学生观察与思考的眼界从科学与技术范围引向更广的交叉学科化和全球化视野。

（3）教学内容及其基本要求

第一章　绪论（2 学时）

教学内容

（a）环境与环境问题。

（b）环境科学的产生和发展。

（c）环境的组成、功能和特性。

学习要求

（a）了解"环境"一词的基本内涵及其功能特性。

（b）能够描述什么是环境问题，并了解它是如何产生又是如何发展的，它与社会经济的发展有何关系。

（c）认识环境要素及不同的环境要素间存在的相互关系及影响规律。

（d）理解环境容量与环境自净作用的区别与联系。

第二章　大气环境（4 学时）

教学内容

（a）大气的结构和组成。

（b）大气污染的形成和污染物的化学转化。

（c）影响大气中污染的气象因素。

（d）大气污染综合防治与管理。

学习要求

（a）了解大气的组成和结构，理解人类污染气体排放空间——大气的有限性、资源性、价值性。

（b）了解大气污染物的分类、危害。

（c）了解大气污染类型及形成原因。

（d）了解大气污染控制的政策法规及其在实施中存在的问题。

第三章　水体环境（6 学时）

教学内容

（a）水体环境概述。

（b）水质指标与水质标准。

(c) 水污染物与水体自净。

(d) 水环境管理和污染治理技术。

学习要求

(a) 解释地下水、含水层及径流的意义。

(b) 列出主要的水体主要污染物及其危害。

(c) 描述有机污染物在水体中的降解过程。

(d) 描述影响重金属元素在水体中的迁移转化因素。

(e) 区分初级、一级、二级和三级污染处理，描述城市生活污水处理的方法。

(f) 了解国家和当地政府所提供的与水相关的服务。

第四章　土壤环境（4 学时）

教学内容

(a) 土壤污染与污染源。

(b) 重金属在土壤中迁移转化的一般规律。

(c) 化学农药在土壤中的迁移转化。

(d) 土壤污染的防治。

(e) 土壤侵蚀及控制。

学习要求

(a) 描述土壤剖面中不同的分层。

(b) 理解土壤污染的概念，描述土壤污染物的种类及土壤净化的途径。

(c) 描述重金属元素在土壤中迁移转化规律。

(d) 描述土壤氧化还原条件对重金属的迁移转化影响。

(e) 描述农药在土壤中的降解过程。

(f) 了解土壤污染的防治措施。

第五章　固体废物与环境（4 学时）

教学内容

(a) 固体废物来源与分类。

(b) 固体废物对环境的污染及其控制。

(c) 固体废物的处理与处置技术。

(d) 固体废物的综合利用。

学习要求

(a) 了解固体废物的来源与分类。

(b) 描述固体废物的污染途径及危害。

(c) 描述固体废物资源化方法和技术。

(d) 描述危险废物与一般固体废物的处理与处置技术有哪些不同。

第六章　环境质量评价（2 学时）

教学内容

(a) 环境质量概述。

(b) 环境质量现状评价。

(c) 环境影响评价。

学习要求

（a）了解环境质量评价的内容和方法。

（b）描述环境质量评价的程序和内容。

（c）描述环境影响评价程序和方法。

（d）描述环境影响评价报告书的编写。

第七章　全球性环境问题（2学时）

教学内容

（a）全球气候变化（温室效应）。

（b）臭氧层破坏。

（c）生物多样性被破坏。

（d）危险物品的越境转移。

（e）其他问题。

（f）全球环境变化应对策略。

学习要求

（a）描述全球环境问题及其共同点。

（b）列出主要的温室气体及其来源。

（c）人类从哪些面采取措施可以减缓或避免生物多样性锐减、土地荒漠化和植被破坏对生物的生命和人类环境卫生的影响。

（d）描述由于全球变暖可能引发的变化。

（e）描述臭气层破坏的机理及问题的解决之道。

（f）了解世界范围内面对全球环境变化的应对策略。

第八章　持续发展与环境（2学时）

教学内容

（a）环境经济学原理简介。

（b）可持续发展的理论的产生。

（c）可持续发展的理论的内涵。

（d）可持续发展战略的基本原则。

（e）我国21世纪议程的要点。

学习要求

（a）理解可持续发展的基本原则和基本思想。

（b）描述外部性原理对环境问题的影响。

第九章　环境管理、清洁生产和ISO14001（2学时）

教学内容

（a）中国的环境管理制度。

（b）清洁生产。

（c）ISO14001系列标准环境管理体系。

学习要求

（a）描述中国的环境管理制度（老三项新五项）。

（b）描述清洁生产与循环经济。

（c）了解 ISO14001 的基本架构和作用。

（4）各教学环节学时分配

学时 \ 环节 知识模块	讲课	习题课	讨论课	实验课	其他	合计
第一章　绪论	2					2
第二章　大气环境	4					4
第三章　水体环境	6					6
第四章　土壤环境	4					2
第五章　固体废物与环境	4					4
第六章　环境质量评价	2					4
第七章　全球性环境问题	2					2
第八章　持续发展与环境	2					2
第九章　环境管理、清洁生产和 ISO14001	2					2
总　　结			4			4
合　　计	28					32

（5）考核评价方法及要求

平时成绩 30%，期末成绩 70%。

（6）教材与主要教学参考资源

教　　材：《环境学概论》，吴彩斌，中国环境出版社

参考教材：

①《环境科学概论》，刘培桐，中国教育出版社

②《环境科学-交叉关系科学》，［美］恩格，［美］史密斯，［美］博凯里，清华大学出版社

③《环境与自然资源经济学》，［美］Tom Tietenberg，中国人民大学出版社

"环境矿物材料"课程教学大纲

课程名称：环境矿物材料

英文名称：Environmental Mineral Materials

课程类型：专业选修课程

总　学　时：32 学时

学　　　分：2 学分

适应对象：功能材料专业学生

主要先修课程：无

执行日期：2014 年

（1）课程的性质及任务

材料是现代工业发展的基石，矿物资源以其丰富、廉价、多样多用、绿色环保而成为

材料工业的基础原料。随着矿物在生态环境治理、污染修复方面的作用越来越受到关注，了解矿物、岩石的成分、结构和性能间的相互依存关系，认识矿物的环境功能属性，通过制备工艺创新，赋予矿物材料新的环境性能，以适应国家材料产业的绿色、环保、可持续发展战略，满足国家中长期新材料人才发展规划对人才的需求。

通过对本课程的学习，功能材料专业学生应认识矿物，了解矿物的结构与性能，特别是具有重要价值非金属矿物的环境性能、作用机理制备、复合与应用。

（2）课程的教学目标

为了更好地适应人类知识的迅速膨胀、学科相互交叉、融合、渗透的新形势，让功能材料专业的学生了解矿物学、生态环境方面的知识，使学生能够通过矿物知识的学习，结合材料科学知识和实验技能，全面了解和熟悉矿物材料的制备、性质和应用。

（3）教学内容及其基本要求

第一章 绪 论（4学时）

教学内容

（a）非金属矿物与材料。

（b）矿物材料的分类。

（c）矿物材料的加工。

（d）矿物材料与经济发展。

（e）矿物材料的发展趋势。

第二章 矿物结构与性能（6学时）

教学内容

（a）矿物、单质与化合物。

（b）矿物的分类及性质。

（c）硅酸盐矿物。

（d）其他非金属盐类矿物。

第三章 岩石与材料应用（6学时）

教学内容

（a）岩石的成因与风化作用。

（b）岩石的分类。

（c）岩石的性质与应用。

第四章 矿物的分选技术及设备（10学时）

教学内容

（a）矿物的解离与分级。

（b）重选原理、设备及应用。

（c）浮选原理及应用。

（d）磷选原理及应用。

（e）电选原理及应用。

（f）其他选矿方法及选矿技术的发展趋势。

第五章 环境矿物材料（6学时）

教学内容

（a）矿物的表面吸附、离子交换、孔道过滤及纳米效应。

（b）硅藻土基吸附、催化与环保材料。

　（c）膨润土基吸附、催化与环保材料。

　（d）沸石基吸附、催化与环保材料。

　（e）凹凸棒石基吸附、催化与环保材料。

　（f）海泡石基吸附、催化与环保材料。

　（g）高岭土基吸附、催化与环保材料。

　（h）电气石基吸附、催化与环保材料。

学习要求

　（a）理解矿物、岩石及与材料性能的关系，学会矿物的矿物分类、表达、性能鉴定；认识风化的作业及矿物与岩石的关系，了解选矿及矿物材料制备的基本原理、工艺特点，学会矿物环境功能的作用及原理。

　（b）以课件为主，结合板书进行；以增加相关知识及发展现状相关知识的包容量，同时突出重点，强化学生的注意力和学习兴趣。

（4）各教学环节学时分配

学时　　　　　　环节 知识模块	讲课	习题课	讨论课	实验课	其他	合计
第一章　绪论	4					4
第二章　矿物结构与性能	6					6
第三章　岩石与材料应用	6					6
第四章　矿物的分选与矿物材料制备基础	10					10
第五章　环境矿物材料	6					6
合　　计	32					32

（5）考核评价方法及要求

　采取开卷考试方式，学期总成绩＝平时成绩（占总成绩30％，考勤＋作业）＋考试成绩（占总成绩70％）

（6）教材与主要教学参考资源

　教　　材：《非金属矿物材料》，郑水林，化学工业出版社

　参考教材：

　《矿物材料学导论》，倪文，科学出版社

　《矿物材料加工学》，邱冠周，中南大学出版社

　《岩矿材料工艺学》，沈上越，中国地质大学出版社

　《工业矿物与岩石》，马鸿文，中国地质大学出版社

"功能材料分析与表征"课程教学大纲

　课程名称：功能材料分析与表征

　英文名称：Characterization of Functional Materials

课程类型：专业选修课程

总 学 时：32 学时

学　　　分：2 学分

适应对象：功能材料专业学生

先修课程：普通化学，有机化学，物理化学，无机材料制备与性能、现代材料分析方法等

执行日期：2014 年

（1）课程的性质及任务

"功能材料分析与表征"课程是功能材料专业的专业选修课，主要介绍各种材料的分析表征仪器的基本原理、应用领域、适用范围和图谱解析方法。

本课程涉及材料分析及表征方面的详细阐述，分析仪器所测量或所获取的主要是物质的质和量的信息，以一切可能的（化学的、物理的、生物医学的、数学的，等等）方法和技术，利用一切可以利用的物质属性，对一切需要加以表征、鉴别或测定的物质组分（包括无机和有机组分）及其形态、状态（以及能态）、结构、分布（时、空）等进行表征、鉴别和测定，以求对样品所代表的问题有一个基本的了解。

（2）课程的教学目标

通过本课程的教学，使学生了解分析仪器的方法原理和主要装置、应用领域和应用限制条件；着重熟悉分析仪器关键部件的工作原理和结构；熟练掌握结果解析方法，以提高从事科研和生产技术管理的能力。

（3）教学内容及其基本要求

第一章　绪论（2 学时）

教学内容

（a）材料分析与表征的目的。

（b）仪器分析科学的发展方向。

（c）仪器分析的类型。

（d）分析仪器的性能与指标。

（e）分析仪器和方法校正。

学习要求

（a）掌握仪器分析与表征的特点和应用。

（b）熟悉分析仪器的性能与指标。

第二章　热分析（4 学时）

教学内容

（a）热分析技术概述。

（b）常用热分析仪与量热仪的原理和基本结构。

（c）热分析曲线与热分析数据基本特性的标志。

（d）热分析测量结果的影响因素。

（e）热分析联用。

（f）热分析仪的维护与故障处理。

学习要求

（a）掌握常用热分析仪与量热仪的原理和基本结构。

（b）熟悉热分析曲线与热分析数据的解析。

第三章　光学分析（8 学时）

教学内容

（a）分子光谱与原子光谱。

（b）紫外光与可见光分光光度分析法。

（c）红外光谱法。

（d）核磁共振和荧光分析及应用简介。

（e）原子吸收光谱法及应用简介。

（f）原子发射光谱法及应用简介。

（g）其他光谱分析技术简介。

学习要求

（a）掌握光谱分析的基本原理。

（b）熟悉紫外光与可见光分光光度计、红外光谱法的应用与数据分析。

（c）了解常用的光谱法原理与应用领域、应用条件。

第四章　电化学分析（10 学时）

教学内容

（a）电化学分析概述。

（b）电化学测量基础。

（c）电化学分析仪器技术。

（d）常见的电化学综合测试系统。

学习要求

（a）掌握电化学基础概念、电化学分析基础。

（b）熟悉常用的电极及电位分析法、伏安法、库仑分析法。

（c）了解各种应用技术实例。

（d）自学交流阻抗法简介。

第五章　XRD 数据解析与软件应用（4 学时）

教学内容

（a）晶体结构与物相分析。

（b）晶胞参数计算。

（c）晶粒大小的测定。

（d）杂质分析。

学习要求

熟悉 JADE 软件应用。

第六章　粉末及多孔材料的表征（2 学时）

教学内容

（a）粒度分析方法。

（b）比表面积和多孔性分析。

学习要求

掌握粒度分析方法及比表面积和多孔性分析

第七章　其他分析技术（2 学时）

教学内容

（a）电化学分析新方法简介。

（b）光谱学分析新方法简介。

（c）各种联用技术发展简介。

学习要求

了解电化学分析新方法、光谱学分析新方法。

（4）各教学环节学时分配

知识模块	讲课	习题课	讨论课	实验课	其他	合计
第一章　绪论	2					2
第二章　热分析	4					4
第三章　光学分析	8					8
第四章　电化学分析	10					10
第五章　数据解析与软件应用	4					4
第六章　粉末及多孔材料的表征	2					2
第七章　其他分析技术	2					2
合　　计	32					32

（5）考核评价方法及要求

平时成绩30％，期末成绩70％。

（6）教材与主要教学参考资源

教　　材：《现代仪器分析》（第2版），刘约权，高等教育出版社

参考资源：

①《仪器分析》，刘宇等，天津大学出版社

②《仪器分析》，朱明华等，高等教育出版社

③《仪器分析》，武汉大学化学系，高等教育出版社

"功能高分子材料"课程教学大纲

课程名称：功能高分子材料

英文名称：Functional Polymers Materials

课程类型：专业选修课程

总　学　时：32学时

学　　　分：2学分

适应对象：功能材料专业学生

主要先修课程：普通化学、物理化学、材料科学基础

执行日期：2014年

（1）课程的性质及任务

"功能高分子材料"课程是一门基础性的应用科学，它和许多科学领域、工业生产部门以及人们日常生活都密切相关。

通过本课程的学习，使学生对各种功能高分子有全面系统的认识，可使学生进一步掌握功能高分子结构与性能的关系，深刻理解功能高分子的制备原理。

（2）课程的教学目标

本课程是理论性和应用性较强的课程，在教学方法上，采用课堂讲授和自学相结合进行，教师对教学内容要求的基本概念、规律、原理和方法进行必要讲授，并详细教授每章的重点、难点内容，启迪学生的思维，加深学生对概念、理论等内容的理解。通过本课程教学的各个环节，必须使学生达到各章中所提出的基本要求。在注意系统性的原则下，讲授内容应分清主次，着重讲解教材的重点与难点，培养学生的独立工作能力。

（3）教学内容及其基本要求

第一章　功能高分子材料总论（2学时）

教学内容

（a）功能高分子材料概述。

（b）功能高分子材料的结构与性能的关系。

（c）功能高分子材料的制备策略。

（d）功能高分子材料的研究内容与研究方法。

学习要求

（a）掌握高分子材料的制备方法分类。

（b）了解高分子的种类及特点。

（c）清楚高分子的结构与性能关系。

第二章　反应型高分子材料（4学时）

教学内容

（a）反应型高分子材料概述。

（b）高分子化学反应试剂。

（c）在高分子载体上的固相合成。

（d）高分子催化剂。

学习要求

（a）熟练掌握反应型高分子材料的特点。

（b）清楚反应型高分子的制备方式。

（c）熟练掌握高分子化学反应试剂的应用领域。

第三章　导电高分子材料（4学时）

教学内容

（a）导电高分子材料概述。

（b）复合型导电高分子材料。

（c）电子导电型聚合物。

（d）离子导电型高分子材料。

（e）氧化还原型导电聚合物简介。

学习要求

（a）掌握导电高分子的种类特征。

（b）了解导电高分子材料的复合方式。

（c）清楚导电高分子的制备方法。

第四章　电活性高分子材料（2 学时）

教学内容

（a）电活性高分子材料概述。

（b）高分子驻极体和压电、热电现象。

（c）电致发光高分子材料。

（d）高分子电致变色材料。

（e）聚合物修饰电极。

学习要求

（a）掌握高分子电解质的类型和性质。

（b）了解高分子电解质的合成方法。

（c）熟悉高分子电解质应用领域。

第五章　高分子液晶材料（4 学时）

教学内容

（a）高分子液晶材料概述。

（b）高分子液晶材料的基本结构。

（c）液晶高分子的设计与合成。

（d）液晶高分子材料的应用。

学习要求

（a）掌握液晶高分子的结构特点。

（b）熟悉液晶高分子的制备方式。

（c）了解液晶高分子的应用。

第六章　高分子功能膜材料（4 学时）

教学内容

（a）高分子功能膜材料概述。

（b）高分子功能膜的制备方法。

（c）高分子分离膜的分离机理及应用。

学习要求

（a）掌握高分子功能膜材料的结构特点。

（b）熟悉高分子功能膜材料的制备方式。

（c）了解高分子分离膜的分离机理及应用。

第七章　光敏高分子材料（4 学时）

教学内容

（a）光敏高分子材料概述。

（b）光敏涂料和光敏胶。

（c）光致抗蚀剂。

（d）高分子光稳定剂。

（e）导电高聚物的应用。

（f）光致变色高分子材料。

（g）光导电高分子材料。

学习要求

（a）掌握光敏高分子材料的结构特点。

（b）熟悉光敏高分子材料的制备方式。

（c）了解光敏高分子材料的应用。

第八章 吸附性高分子材料（2学时）

教学内容

（a）吸附性高分子材料概论。

（b）高吸水性高分子材料结构。

（c）天然有机吸附剂简介。

学习要求

（a）掌握吸附性高分子材料的结构特点。

（b）了解吸附性高分子材料的制备方法。

第九章 医用高分子材料（4学时）

教学内容

（a）医用高分子概述。

（b）生物惰性高分子材料。

（c）生物降解性高分子材料。

（d）用于人造器官的功能高分子材料。

（e）药用高分子材料。

学习要求

（a）掌握医用高分子材料的结构特点。

（b）了解医用高分子材料的审核方式。

（c）清楚医用高分子材料的制备和应用。

复习与答疑（2学时）

（4）各教学环节学时分配

学时　环节　　知识模块	讲课	习题课	讨论课	实验课	其他	合计
第一章　功能高分子材料总论	2					2
第二章　反应型高分子材料	4					4
第三章　导电高分子材料	4					4
第四章　电活性高分子材料	2					2
第五章　高分子液晶材料	4					4
第六章　高分子功能膜材料	4					4
第七章　光敏高分子材料	4					4
第八章　吸附性高分子材料	2					2
第九章　医用高分子材料	4					4
复习与答疑	2					2
合计	32					32

（5）考核评价方法及要求

开卷考试，学期总成绩＝平时成绩（占总成绩30％，考勤＋作业）＋考试成绩（占总成绩70％）。

（6）教材与主要教学参考资源

教　　材：《功能高分子材料》，赵文元，化学工业出版社

参考资源：

① 《功能高分子材料化学》，赵文元，化学工业出版社

② 《高分子化学》，复旦大学化学系高分子教研室，复旦大学出版社

2.2.4　通识教育选修课程及自主学习课程

开设通识教育课程旨在拓宽基础、强化素质、培养通识的跨学科基础教学新体系，让学生在本科教育中获得更广泛的知识，使学生了解不同学术领域的研究方法及主要思路，着重培养学生的思考能力、逻辑思维及阅读能力，树立正确的道德观、价值观，从而提高大学生的思想道德素养和科学文化素质。通识教育课程提供了关于社会、自然、人文、艺术等领域广泛的知识，学生可从"自然科学类""人文社会科学类""创新与拓展类"这3个模块课程中选修8学分，即可满足该类课程学分要求。

自主学习课程是为培养学生自主学习能力而设置的课程，是构建自主学习的平台，是实现自主学习能力培养的重要条件保障。现代高校教育改革的一个重要目标，就是确立一种新的学习方式，使学生在主动、探索、研讨的过程中真正成为学习的主人，从而提高自学能力、创新能力、合作能力、研究能力。功能材料系设置的自主学习课程有："仪表及自动控制""纳米科技与材料""品质工学基础""资源循环科学与工程概论"。自主学习课程简介见表2-5。

表2-5　自主学习课程课程简介

课程名称：**仪表及自动控制**
英文名称：Instrumentation and Automatic Control
学　　分：2
教学时数：32（理论：32；实践：0；上机：0）
课程内容：主要介绍过程控制系统的分析、设计、参数整定方法，以及工业应用中常用的过程检测控制仪表的工作原理、工作过程等。
教　　材：《过程控制与自动化仪表》，潘永湘，机械工业出版社
参考教材：《自动化仪表及过程控制》（第3版），施仁，电子工业出版社《自动检测技术及仪表控制系统》，张宝芬，化学工业出版社

课程名称：**纳米科技与材料**
英文名称：Nano - technology and Materials
课程内容：国内外纳米材料的研究概况、发展策略，纳米材料的制备方法，特殊性能及结构特点；纳米材料的工业化应用分析。
教　　材：《纳米材料导论》，曹茂盛，关长斌，徐甲强，哈尔滨工业大学出版社
参考教材：《纳米材料与纳米结构》，张立德，牟季美，科学出版社
《功能材料与纳米技术》，李玲，向航，化学工业出版社
《纳米技术与材料》，张志，崔作林，国防工业出版社
《纳米技术与应用》，顾宁，付德刚，张海黔等，人民邮电出版社

（续）

课程名称：**品质工学基础**

英文名称：Quality Engineering

学　　分：2

教学时数：32（理论：32；实践：0；上机：0）

课程内容：讲述系统选择、参数设计及损失函数和 SN 比的求解，利用正交试验设计，选择最优试验
　　　　　方法，在多因素多水平的试验数据分析中，通过最少的试验，进而实现对系统质量的控制。

教　　材：《品质工程学基础》，丁燕，北京大学出版社

参考教材：《质量工程学》，韩之俊，北京理工大学出版社

课程名称：**资源循环科学与工程概论**

英文名称：Introduction to Resource Recycling Science and Engineering

学　　分：2

教学时数：32（理论：32；实践：0；上机：0）

课程内容：综合介绍资源循环科学与工程的基本概念、基础理论和工业技术，系统概述资源循环利用
　　　　　的现状及其技术的进展。主要内容有资源循环科学与工程的学科定义以及相关的基础理论
　　　　　与基本概念，资源循环科学基本原理与工程技术基础，金属材料、无机材料、有机合成材
　　　　　料和生物质材料的再生利用，生物质能利用技术，能源循环利用与低碳技术。

教　　材：《资源循环科学与工程概论》，周启星，化学工业出版社

参考教材：《再生资源导论》，刘明华，林春香，化学工业出版社

各门自主学习课程的教学大纲如下。

"仪表及自动控制"课程教学大纲

课程名称：仪表及自动控制

英文名称：Instrumentation and Automatic Control

课程类型：自主学习课程

总 学 时：32 学时

学　　分：2 学分

适应对象：功能材料专业学生

先修课程：电工与电子技术、互换与测量技术基础

执行日期：2014 年

（1）课程的性质及任务

"仪表及自动控制"课程是功能材料专业的自主学习课程。本课程在系统阐述常用过
程控制及测量仪表的控制系统基本理论和基本知识的基础上，结合生产实际和国内外先进
技术，介绍了过程控制系统的分析、设计、参数整定方法，以及工业应用中常用的过程检
测控制仪表的工作原理和工作过程等。

（2）课程的教学目标

通过本课程的学习，要求学生掌握生产过程控制的基础知识和基本应用技术；了解基于仪表与过程控制系统的最新发展和工程应用；掌握过程控制中常用的检测仪表、控制仪表的工作原理及应用；掌握简单回路控制系统设计与参数整定。

（3）教学内容及其基本要求

第一章　绪论（4学时）

教学内容

（a）自动控制的特点。

（b）自动控制的发展概况。

（c）自动控制系统分类及其性能指标。

学习要求

掌握自动控制系统的特点、分类及其性能指标。

第二章　检测仪表（8学时）

教学内容

（a）温度检测及仪表。

（b）压力检测及仪表。

（c）流量检测及仪表。

（d）液位检测及仪表。

学习要求

掌握温度、压力、流量、液位检测方法及测量原理。

第三章　控制仪表（8学时）

教学内容

（a）基本控制规律及特点。

（b）模拟式控制器。

（c）数字式PID控制器。

学习要求

掌握数字式PID控制器模式及方法。

第四章　简单控制系统的设计与参数整定（10学时）

教学内容

（a）简单控制系统的结构与组成。

（b）简单控制系统设计。

（c）调节规律对控制品质的影响与调节规律选择。

（d）调节器参数的工程整定方法。

（e）简单控制系统设计实例。

学习要求

掌握简单控制系统设计方法及参数整定，熟悉调节器参数的工程整定方法。

复习课（2学时）

（4）各教学环节学时分配

学时　　　　环节 知识模块	讲课	习题课	讨论课	实验课	其他	合计
第一章　绪论	4					4
第二章　检测仪表	8					8
第三章　控制仪表	8					8
第四章　简单控制系统的设计与参数整定	10					10
复　　习	2					2
合　　计	32					32

（5）考核评价方法及要求

采取闭卷考试方式，学期总成绩＝平时成绩（考勤＋作业，占总成绩 30%）＋考试成绩（占总成绩 70%）。

（6）教材与参考教材

教　　材：《过程控制与自动化仪表》，潘永湘，机械工业出版社

参考教材：《自动化仪表及过程控制》（第 3 版），施仁，电子工业出版社

《自动检测技术及仪表控制系统》，张宝芬，化学工业出版社

"纳米科技与材料"课程教学大纲

课程名称：纳米科技与材料

英文名称：Nano – Technology and Materials

课程类型：自主学习课程

总 学 时：32 学时

学　　分：2 学分

适应对象：功能材料专业学生

主要先修课程：无

执行日期：2014 年

（1）课程的性质及任务

本课程主要讲授纳米科学与技术的发展、作用及对当代社会、经济等的影响。以纳米粉体材料的基本结构单元，如富勒烯、纳米碳管、矿物粉体、金属及氧化物等的制备、性能、结构、表征、应用等为主线，讲述纳米科技的发展及相关原理，纳米材料及纳米复合材料的性能、制备、应用等材料学科领域的前沿知识、发展动态。通过本课程的学习，为今后从事新材料的研究与开发打下坚实基础。

"纳米科技与材料"课程的任务是培养功能材料科学专业学生对纳米科学技术相关原理的了解，使学生掌握材料制备的新原理、新方法及新技术的发展，了解纳米尺度材料性能的变化规律，讲解纳米材料的制备与应用技术。通过本课程的学习，可为今后从事新材料的研究与开发打下坚实的基础。

（2）课程的教学目标

开设"纳米科技与材料"课程是为了使功能材料专业的学生更好地适应人类知识的迅速膨胀、学科相互交叉、融合、渗透的新形势，适应国家中长期新材料人才发展规划；开

阔学生的眼界，学会材料研究、制备和应用的新技术、新方法和新理论，从而激发学生探求新事物、发现新规律的学习热情。

（3）教学内容及其基本要求

第一章　纳米科技与材料绪论（4 学时）

教学内容

（a）纳米科技的兴起与现代材料。

（b）纳米材料的研究历史。

（c）纳米材料的主要研究内容。

第二章　纳米材料的分类与性质（6 学时）

教学内容

（a）纳米材料的基本概念。

（b）纳米微粒的基本性质。

（c）纳米微粒的物理特性。

（d）纳米材料的测试与评价。

第三章　纳米材料及团簇化合物（4 学时）

教学内容

（a）团簇的概念、分类及性质。

（b）团簇化合物研究。

（c）C60 及富勒烯的发现。

（d）富勒烯的结构与证明。

（e）富勒烯的性能与应用。

第四章　纳米碳管（2 学时）

教学内容

（a）碳的同素异形体概述。

（b）纳米碳管的制备。

（c）纳米碳管的结构。

（d）纳米碳管的性能与应用。

第五章　纳米粒子的制备方法（6 学时）

教学内容

（a）纳米粒子制备方法评述。

（b）制备纳米粒子的物理方法。

（c）制备纳米粒子的化学方法。

（d）制备纳米粒子的综合方法。

第六章　纳米薄膜材料（2 学时）

教学内容

（a）纳米薄膜材料的功能特性。

（b）纳米薄膜材料的制备技术。

（c）纳米薄膜材料的应用。

第七章　纳米固体材料（2学时）

教学内容

（a）纳米固体材料的结构特点。

（b）纳米固体材料界面的研究方法。

（c）纳米固体材料的性能。

（d）纳米固体材料的制备方法。

（e）纳米固体材料的应用。

第八章　纳米复合材料（4学时）

教学内容

（a）纳米复合材料分类。

（b）纳米复合材料性能。

（c）陶瓷基纳米复合材料。

（d）金属基纳米复合材料。

（e）高分子基纳米复合材料。

第九章　纳米仿生材料及应用（2学时）

教学内容

（a）荷叶效应。

（b）植物叶面的结构与特性。

（c）荷叶效应在纺织工业中的应用。

学习要求

要求学生掌握纳米科学相关理论；理解纳米粒径物质性能变化的内在原因，并学会利用纳米技术中的物理方法、化学方法，以及物理化学方法及原理制备纳米材料；通过对石墨材料应用、发展趋势，研究内容的变迁等学习，学会纳米材料性能测试项目的选择及参数表征相关意图，为从事材料开发、研究奠定基础。

（4）各教学环节学时分配

学时　　　　　　　环节 知识模块	讲课	习题课	讨论课	实验课	其他	合计
第一章　纳米科技与材料绪论	4					4
第二章　纳米材料的分类与性质	6					6
第三章　纳米材料及团簇化合物	4					4
第四章　纳米碳管	2					2
第五章　纳米粒子的制备方法	6					6
第六章　纳米薄膜材料	2					2
第七章　纳米固体材料	2					2
第八章　纳米复合材料	4					4
第九章　纳米仿生材料及应用	2					2
合　　计	32					32

（5）考核评价方法及要求

闭卷考试，学期总成绩＝平时成绩（考勤＋作业，占总成绩30％）＋考试成绩（占总成绩70％）。

（6）教材与主要教学参考资源

教　　材：《功能材料与纳米技术》，李玲，化学工业出版社

参考资源：

①《纳米材料导论》，曹茂盛，哈尔滨工业大学出版社

②《纳米技术与材料》，张志，国防工业出版社

③Nanotechnology in Materials Science，S. Mitura，Elsivier Science B. V

④《纳米技术与应用》，顾宁，人民邮电出版社

⑤《纳米材料与纳米结构》，张立德，科学出版社

"品质工学基础"课程教学大纲

课程名称：品质工学基础

英文名称：Quality Engineering

课程类型：自主学习课程

总 学 时：32学时

学　　分：2学分

适应对象：功能材料专业学生

主要先修课程：统计学

执行日期：2014年

（1）课程的性质及任务

"品质工程基础"课程是功能材料专业的自主学习课程之一。通过对本课程的学习，可使学生了解品质是在产品开发或实验研究的过程中对所要达到的目标进行的决策性分析，是工科学生和研究人员应该掌握的基本理论和手段。

"品质工学基础"作为通用理论，渗透于各个学科领域，特别是在产品开发、研制、生产中，在不增加成本的前提下，可使其质量得到提高，而且省时省力，节约资源、能源，减少环境污染。因此，"品质工学基础"作为工科各专业的学生的选修课，有着极其重要的作用。

（2）课程的教学目标

"品质工学基础"作为一门应用理论，最早起源于日本。将此方法和理论体系运用于其产品开发和研制过程，取得了显著的效益。通过对本课程的学习，要求学生掌握品质工学理论方法，清楚通过系统选择、参数设计、损失函数和SN比的设计，利用正交实验设计，选择最优试验方法，在多因素的试验或过程的分析中，通过最少的试验，进而实现对系统质量的评价。

（3）教学内容及其基本要求

第一章　品质工学理论体系形成（2学时）

教学内容

（a）概述。

（b）基本概念。

（c）理论体系。

（d）工程应用。

学习要求

（a）掌握品质工学理论体系的形成过程、理论基础、研究对象、研究方法及手段。

（b）了解产品品质形成的不同阶段、品质特性分类及品质控制方法。

（c）清楚品质工学的两大分支是由离线品质工学和在线品质工学的品质控制理论和方法构成。

（d）熟悉品质工学对我国企业产品品质的重要意义。

第二章　数据解析基础（4 学时）

教学内容

（a）和与平均。

（b）偏差。

（c）波动与方差。

（d）方差分析。

学习要求

（a）熟练掌握并灵活运用和与平均的计算方法来统计数据、分析数据。

（b）清楚品质工学中的偏差，包括偏离目标值偏差与偏离平均值偏差。

（c）熟练掌握波动与方差的计算方法统计数据、分析数据。

（d）熟练掌握全波动可分解为均值波动与误差波动之和的分析方法。

第三章　品质损失函数（4 学时）

教学内容

（a）品质与品种。

（b）品质与损失。

（c）损失函数。

学习要求

（a）掌握品质、品种、成本和损失的概念及品质与损失关系。

（b）了解不同特性的品质与损失之间的函数关系的建立。

（c）清楚品质特性偏离目标值就会造成品质损失，偏离越远，损失越大。

（d）根据目标特性、趋小特性、趋大特性的损失来对其品质作出定量评价。

第四章　SN 比设计（4 学时）

教学内容

（a）稳健性与 SN 比。

（b）SN 比与品质损失函数。

（c）修正偏差与提高品质。

学习要求

（a）掌握目标特性信噪比、趋小特性信噪比及趋大特性信噪比概念。

（b）了解稳定性与信噪比的关系。

（c）掌握外干扰、内干扰、产品间波动对产品功能的影响使产品品质特性具有随机性；减小三种干扰的措施和方法。

　　（d）熟悉信噪比的定义及计算。

　　（e）了解功能波动产生的原因。

　　第五章　品质设计与优化（4学时）

教学内容

　　（a）因素与水平。

　　（b）正交试验。

　　（c）稳健性设计。

学习要求

　　（a）掌握正交表的种类和特点。

　　（b）掌握正交实验设计方法。

　　（c）了解因素与水平的选取原则、可控因素与误差因素的区别、三种品质特性的误差因素调和原则。

　　第六章　品质设计方法的灵活运用（4学时）

教学内容

　　（a）水平调整法。

　　（b）因素组合法。

学习要求

　　（a）掌握正交实验设计及因素波动分析。

　　（b）了解正交实验设计技巧。

　　第七章　趋小特性的参数设计（4学时）

教学内容

　　（a）趋小特性三次设计。

　　（b）趋小特性三次设计的实际应用。

学习要求

　　（a）掌握趋小特性信噪比的计算方法。

　　（b）掌握趋小特性三次设计的步骤和方法。

　　（c）掌握趋小特性参数设计的方差分析及确定最佳因素组合，实现产品的低成本和高品质。

　　（d）了解趋小特性的品质特征。

　　第八章　趋大特性的参数设计（2学时）

教学内容

　　（a）趋大特性三次设计。

　　（b）趋大特性三次设计的实际应用。

学习要求

　　（a）掌握趋大特性信噪比的计算方法。

　　（b）掌握趋大特性三次设计的步骤和方法。

　　（c）掌握趋大特性参数设计的方差分析及确定最佳因素组合，实现产品的低成本和高品质。

　　（d）了解趋大特性的品质特征。

　　第九章　目标特性的参数设计（2学时）

教学内容

（a）目标特性三次设计。

（b）目标特性三次设计的实际应用。

学习要求

（a）掌握目标特性信噪比的计算方法。

（b）掌握目标特性三次设计的步骤和方法。

（c）掌握目标特性参数设计的方差分析及确定最佳因素组合，实现产品的低成本和高品质。

（d）了解目标特性的品质特征。

考试（2学时）

（4）各教学环节学时分配

学时　　　　　　　　环节 知识模块	讲课	习题课	讨论课	实验课	其他	合计
第一章　品质工学理论体系形成	2					2
第二章　数据解析基础	4					4
第三章　品质损失函数	4					4
第四章　SN比设计	4					4
第五章　品质设计与优化	4					4
第六章　品质设计方法的灵活运用	4					4
第七章　趋小特性的参数设计	4					4
第八章　趋大特性的参数设计	2					2
第九章　目标特性的参数设计	2					2
考　　试					2	2
合　　计	30				2	32

（5）考核评价方法及要求

开卷考试，学期总成绩＝平时成绩（考勤＋作业，占总成绩30％）＋考试成绩（占总成绩70％）。

（6）教材与主要教学参考资源

教　　材：《品质工学基础》，丁燕，北京大学出版社

参考资源：

①《质量工程学》，盛宝忠，上海交通大学出版社

②《质量工程学》，韩之俊，北京理工大学出版社

③《质量工程学：线外、线内质量管理》，韩之俊，科学出版社

"资源循环科学与工程概论"课程教学大纲

课程名称：资源循环科学与工程概论

英文名称：Introduction to Resource Recycling Science and Engineering

课程类型：自主学习课程

总 学 时：32 学时

学　　　分：2 学分

适应对象：功能材料专业学生

主要先修课程：

执行日期：2014 年

(1) 课程的性质及任务

"资源循环科学与工程概论"课程综合介绍资源循环科学与工程的基本概念、基础理论和工业技术，系统概述资源循环利用的现状及其技术的进展。主要内容有资源循环科学与工程的学科定义以及相关的基础理论与基本概念，资源循环科学基本原理与工程技术基础、金属材料、无机材料、有机合成材料和生物质材料的再生利用，以及生物质能利用技术、能源循环利用与低碳技术。

(2) 课程的教学目标

通过对本课程的学习，使学生了解资源循环科学与工程在国家经济建设与发展中的地位，激发对循环科学与工程专业的热爱和兴趣。

(3) 教学内容及其基本要求

第一章　绪论（4 学时）

教学内容

(a) 资源与资源危机。

(b) 资源循环利用。

(c) 人类活动与资源循环利用。

(d) 资源循环科学与工程。

学习要求

(a) 了解资源、再生资源和资源循环利用；了解我国再生资源产业的现状与发展；掌握资源循环科学与工程学科定义及相关概念；了解学科的来源及其体系、研究方法与手段、研究现状和未来发展趋势。

(b) 重点掌握资源循环利用的基本概念、资源循环科学与工程学科的定义及其体系。

第二章　资源循环科学基本原理（4 学时）

教学内容

(a) 资源循环科学的理论基础。

(b) 减量化与多重利用原理。

(c) 基于产业循环的资源利用原理。

(d) 资源循环利用经济学原理学习要求。

学习要求

(a) 了解资源循环科学的理论基础；了解减量化与多重利用原理；了解基于产业循环的资源利用原理；了解资源循环利用经济学原理。

(b) 重点掌握资源循环科学的理论基础。

第三章　资源循环工程技术基础（4 学时）

教学内容

(a) 资源循环工程技术应用与发展。

(b) 资源循环过程分离技术。

（c）资源循环工程物理处理技术。

（d）资源循环工程物化处理技术。

（e）资源循环工程生物技术。

（f）资源循环生态工程技术应用与发展。

学习要求

（a）了解资源循环工程的技术基础；了解资源循环过程分离技术；了解资源循环工程的物理、化学和生物技术。

（b）重点掌握资源循环工程的技术基础。

第四章　工业原材料和部品循环利用技术（4 学时）

教学内容

（a）废旧部件产品再制造技术。

（b）贵金属材料循环利用技术。

（c）无机非金属材料循环利用技术。

（d）废轮胎循环利用技术。

（e）废塑料循环利用技术。

学习要求

（a）了解金属材料的含义及分类；了解钢铁材料及其回收利用；了解有色金属材料及其回收利用。

（b）重点掌握废钢铁的回收利用，废有色金属的回收利用。

（c）了解无机材料的定义、分类与发展；了解废陶瓷及其再生利用；了解废玻璃及其再生利用；了解建筑垃圾及其再生利用；了解耐火材料及其再生利用。

（d）重点掌握建筑垃圾及其再生利用。

第五章　工矿业固体废物循环利用及其技术（4 学时）

教学内容

（a）概述。

（b）矿山废渣循环利用及其技术。

（c）钢铁冶金废物循环利用及其技术。

（d）化工废物循环利用及其技术。

（e）燃料废物循环利用及其技术。

（f）废旧电子产品循环利用及其技术。

学习要求

（a）了解工矿业固体废物的含义及分类，了解工矿业固体废物的回收利用。

（b）重点掌握矿山废渣、冶金渣和化工废物的回收利用。

第六章　能源循环利用与低碳技术（4 学时）

教学内容

（a）节能减排。

（b）热能循环与二次能源回收利用。

（c）农村能源循环利用模式与技术。

（d）能源利用中的低碳技术。

学习要求

（a）了解节能减排的基本概念；了解热能循环与二次能源回收利用；了解能源利用中的低碳技术。

（b）重点掌握节能减排的基本概念，热能循环与二次能源回收利用。

第七章　基于生物质的资源循环利用及其技术

教学内容

（a）农产品与农业废弃物循环利用及其技术。

（b）林产品与林业废弃物循环利用及其技术。

（c）海产物与渔业废弃物循环利用及其技术。

（d）生活垃圾有机组分循环利用及其技术。

（e）医院有机废弃物循环利用及其技术。

学习要求

（a）了解生物质的定义、种类和特点；了解生物质材料的定义、种类、特点、应用和发展发现方向；了解纤维素及其再生利用；了解半纤维素及其再生利用；了解木质素及其再生利用；了解淀粉及其再生利用；了解甲壳素及其再生利用。

（b）重点掌握生物质材料的基本定义，纤维素的再生利用。

第八章　资源循环利用工程与实践（4学时）

教学内容

（a）资源循环利用产业。

（b）低碳生态城市建设。

（c）资源节约型社会建设。

（d）可持续发展实验区建设。

学习要求

了解资源循环利用产业，资源节约型社会的要求、特点与实践方法。

（4）各教学环节学时分配

知识模块 \ 环节	讲课	习题课	讨论课	实验课	其他	合计
第一章　绪论	4					4
第二章　资源循环科学基本原理	4					4
第三章　资源循环工程技术基础	4					4
第四章　工业原材料和部品循环利用技术	4					4
第五章　工矿业固体废物循环利用及其技术	4					4
第六章　能源循环利用与低碳技术	4					4
第七章　基于生物质的资源循环利用及其技术	4					4
第八章　资源循环利用工程与实践	4					4
合　　计	32					32

（5）考核评价方法及要求

考试采取撰写论文形式考试。学生的平时成绩（作业、平时课堂小测验、听课率等）由教员公平地给出，占学生学期总成绩的50％；论文成绩（一学期教学内容）占学期总成绩的50％。

（6）教材与主要教学参考资源

教　　材：《资源循环科学与工程概论》，周启星，化学工业出版社

参考资源：

① 《循环经济科学工程原理》，金涌，［荷］阿伦斯编，化学工业出版社

② 网络学习资源、相关学术刊物等

2.2.5　集中实践教学

集中实践教学按教学环节可分为"认识实习""生产实习"和"毕业论文"。在教学环节内容安排上则规定为专业认识实习、理论联系实践实习和综合运用所学专业理论及知识能力训练三个方面。实施集中实践教学环节的目的是培养学生理论联系实际的学风，以及综合运用专业知识解决现实问题的专业意识和能力。尽可能满足学生从事生态环境功能材料、新能源材料等行业的工作愿望，帮助他们实现成为战略性新兴产业的功能材料专业科技创新人才，培养健康的专业志趣。

"认识实习""生产实习"主要安排在已创建的技术与产业、技术与经济、技术与实践结合的"三结合"高水平产学研基地进行，促进学生从就业到创业的思想转变，提高创新与创业能力；"毕业论文"中学生的论文题目100％来自指导教师的最新科研项目，提高功能材料专业学生的动手实践能力，为培养具有创新精神和较强实践能力的高素质应用型人才做积极有益的实践。

集中实践教学环节中的"认识实习""生产实习"和"毕业论文"的教学大纲如下。

"认识实习"教学大纲

课程名称：认识实习

英文名称：Understanding Practice

课程类型：集中实践教学环节

总 学 时：2周

学　　分：2

适应对象：功能材料专业学生

主要先修课程：公共基础课

执行日期：2014年

（1）课程的性质、任务及教学目标

"认识实习"是学生在学习专业基础课、专业课之前进行的与专业方向很好结合的重要的实践教学环节。目的是通过课堂讲座和现场参观，让学生全面了解功能材料专业的基本专业背景、研究内容和发展趋势，对新能源材料、生态环境功能材料的研究内容和方法有充分的了解和认知，扩大学生的知识范围，开阔眼界，为后续专业基础课、专业课程的学习打下良好基础。

（2）教学内容及其基本要求

教学内容

"认识实习"采用校内课堂讲座及参观工矿企业相结合的方式。

（a）校内课堂教学

在该阶段的实习中，以多媒体、讲座等形式，由专业课教师介绍专业基础课及专业课的具体内容和授课形式，讲授新能源材料、生态环境功能材料的国内外研究现状及发展趋势。通过这一环节，让学生对能源与环境材料的性能、制备、生产工艺过程、用途等有所了解，做好赴校外实习准备。

（b）校外参观学习

在该阶段的实习中，师生共赴生产第一线，深入观察和了解产品的实际生产过程，熟悉产品在生产和加工过程中使用的仪器及设备，了解机械设备的工作原理、结构特点、使用方法、适用范围等。这一环节主要采用以下方式进行。

➢ 听报告

进入工矿企业后，首先由实习单位指派的工程技术人员，向学生介绍本单位的生产情况，做技术及学术报告，介绍本企业相关产品的制造过程中的各工序、专用生产设备、技术革新改造等方面内容，介绍生产组织及管理方面的经验及问题。

➢ 组织参观

在对企业的生产状况了解之后，组织学生对实习单位的生产现场进行参观，了解生产过程，并进行专业性的指导，使学生获得更广泛的生产实践知识。参观中应着重了解先进的生产工艺方法、先进设备的特点及先进的组织管理形式等。

实习报告

根据校内课堂教学及校外实习情况，按照实习报告要求，认真撰写实习报告。实习结束时，学生应提交书面的实习报告。

基本要求

（a）"认识实习"通常由校内讲座和参观学习相结合，由功能材料系安排与教学内容相关的系列讲座，并委派带队教师带领学生赴产学研基地完成"认识实习"任务。在实习基地参观实习期间，学生应服从教师的合理安排，积极主动参加各种教学活动，认真做好记录，尽快了解和熟悉所在工矿企业的组织结构及工程情况。参观中善于动脑和动手，不懂不会要虚心学习，带队教师认真指导，发现问题及时解决，圆满完成实习任务。

（b）实习报告写作要求

➢ 简单叙述对新能源材料、生态环境功能材料研究现状的了解和认识，并对其发展趋势作展望。

➢ 对所参观的工矿企业的生产状况及设备使用情况作简单描述，同时还应对该企业的技术革新手段、环境保护措施及生产中存在的问题等进行简单分析及改进措施和建议。

➢ 个人的实习感受。

总结实习收获，上交实习报告。

（3）各教学环节学时分配

周数 环节 知识模块	环节 1	环节 2	合计（周）
实习动员及讲座	1		1
参观工厂及撰写实习报告	1		1
合计（周）	2		2

（4）考核评价方法及要求

实习结束后，学生应提交认识实习报告，实习指导教师对每个学生的实习报告进行成绩评定。根据学生在实习期间的考勤及实习报告的完成质量来确定，认识实习考核成绩按0～100分等级评定。

实习期间考勤占认识实习考核成绩30%；实习报告成绩占认识实习考核成绩70%；不参加实习环节和不上交实习报告者，认识实习成绩评定为0分。

"生产实习"教学大纲

课程名称：生产实习

英文名称：Production Internship

课程类型：集中实践教学环节

总 学 时：3 周

学　　分：3

适应对象：功能材料专业学生

主要先修课程：公共基础课、学科与专业基础课、专业课

执行日期：2014 年

（1）课程的性质、任务及教学目标

通过参加生产实习，使功能材料专业的学生了解和掌握能源与环境材料的制备方法及生产工艺过程，巩固已学的专业课基础理论知识。在理论联系实际的生产实践中，培养学生热爱本专业、勇于创新、善于调查研究、观察问题、分析问题及解决问题的能力，为国家培养合格人才。

（2）教学内容及其基本要求

教学内容

（a）校内实践教学实习

在校内进行实践教学实习，让学生掌握常规生产设备、性能测试与表征仪器的使用，熟悉生产工艺，为参加校外的生产实习做好一切准备。

（b）校外实习

➢ 听报告

在实习最初阶段，由实习单位指派的管理人员向学生介绍本单位情况及进行安全保密教育。为了保证实习质量，还需请该单位工程技术人员做技术及学术报告，介绍本企业相关产品制造过程中的生产工序、专用生产设备、技术革新、新产品研发等方面内容，介绍生产组织及管理方面的经验及问题。

➢ 组织参观

在实习第二阶段，组织学生对实习单位的生产现场进行参观，了解生产过程，并进行

专业性的指导，以获得更广泛的生产实践知识。参观中应着重了解先进的生产工艺方法、先进设备的特点及先进的组织管理形式等。

实习报告

根据校内实践教学及校外实习情况，按照实习报告要求，认真撰写实习报告。实习结束时，学生应提交书面的实习报告。

基本要求

（a）生产实习的组织形式采用校内实践教学和参观实习相结合，由功能材料系安排与教学内容相关的系列讲座及校内参观学习，并委派带队教师带领学生赴教学实习基地完成生产实习任务。在实习单位实习期间，学生应服从教师的合理安排，积极主动来到派遣工厂进行实习，到现场后应尽快地了解和熟悉所在实习单位的组织结构及工程情况，积极主动与实习指导人员取得联系。工作中善于动脑和动手，不懂不会应虚心学习，带队教师认真指导，发现问题及时解决，圆满完成实习任务。

（b）实习报告写作要求

实习结束时，学生应提交书面的实习报告。对报告的要求如下。

➢ 结合所学专业知识详细叙述产品的制备方法、生产工艺流程、技术革新手段、环境保护措施及生产中存在的问题等。

➢ 对企业内存在的生产技术问题、组织管理问题提出改进措施及建议。

总结实习收获，上交实习报告。

（3）各教学环节学时分配

周数　　　　　环节　知识模块	环节1	环节2	合计（周）
实习动员及讲座	1		1
校内实践教学	1		1
参观工厂及撰写实习报告	1		1
合计（周）	3		3

（4）考核评价方法及要求

实习结束后，学生应提交生产实习报告，实习指导教师对每个学生的实习报告进行成绩评定。根据学生在实习期间的考勤及实习报告的完成质量确定，生产实习考核成绩按 0～100 分等级评定。

实习期间考勤占生产实习考核成绩 30%；实习报告成绩占生产实习考核成绩 70%；不参加实习环节和不上交实习报告者，生产实习成绩评定为 0 分。

"毕业论文"教学大纲

课程名称：毕业论文

英文名称：Dissertation of Graduation

课程类型：集中实践教学环节

总 学 时：16 周

学　　分：7

适应对象：功能材料专业学生

主要先修课程：大学期间全部课程

执行日期：2014 年

(1) 课程的性质及任务

毕业论文是学生在本科学习专业课后，实施的理论联系实际的重要实践教学环节，是对学生掌握专业理论基础知识程度及理论联系实际能力的考核。该环节可加强学生运用相关理论付诸实践过程的能力，将所学的专业知识综合运用于设计新型能源材料、生态环境功能材料的制备方法、生产工艺及性能指标的检测和表征等的过程中，使学生具备材料科技工作者应有的基本素质及工作能力，为国家培养适宜生态环境功能材料与新能源技术产业发展的复合型人才。

(2) 课程的教学目标

学生应在指导教师的指导下完成毕业论文中规定的文献查阅、试验方案制定、实验、数据分析、结论及论文撰写等环节，在进行毕业论文阶段的每一教学实践环节过程中，由指导教师监督检查各环节的实施，对学生毕业论文中出现的问题及时解答并做出相应指导，定期对学生进行的工作作出点评，通过毕业论文这一教学实践环节，加强学生实际动手及分析问题和解决问题能力。

(3) 教学内容及其基本要求

将学生按个人兴趣要求，分配到本专业方向所属的各科研课题组中，在参与科研课题的研究和实践过程中，将书本中学到的相关理论和基础知识很好地应用到科研实践中，各环节的教学内容及要求如下。

文献查阅（3 周）

通过媒体及相关文献的浏览及查阅，了解国内外有关功能材料的研究动态，开阔视野，拓宽知识面，使学生对所学的专业知识、基本理论有更深刻的认识，为毕业论文的完成打好理论基础。

制定实施方案（2 周）

通过文献资料的查阅，全面了解自己将要开发和研制的功能材料的国内外研究现状及发展趋势，提出设计思路，写出设计方案，筹备好实施过程中所要使用的仪器设备、药品等，为后续的实验工作的顺利进行，做好充分准备。

实验（4 周）

根据制定的实验方案进行实验。在实验实施阶段，首先按照生产工艺制备样品，根据材料的组分、结构、性能等要求，对已制备的样品进行性能测试及表征，做好实验记录，为实验数据分析提供依据。

实验数据分析（2 周）

通过对制备样品的性能测试，将得到的大量实验数据进行综合分析总结，最终确定适合材料制备的最佳工艺流程及性能参数，完善工艺方案。

毕业论文的撰写（4 周）

在完成基本理论学习及实验工作的基础上，对毕业论文中的文献综述、技术路线、实验实施方案及实验结果进行详细文字描述，按科技论文写作要求完成毕业论文的撰写。

论文答辩（1周）

指导教师对学生提交的论文进行批阅，论文合格者可参加毕业论文答辩，根据整个毕业论文过程中的学生表现、论文写作及答辩情况，给出综合毕业论文成绩。

（4）考核评价方法及要求

毕业论文成绩＝指导教师评阅成绩(40分)＋同行教师评阅成绩(40分)＋答辩成绩(20分)

2.3 创新创业教育

在全球经济格局中，中国的发展处于重要的战略机遇期。为了达到经济发展新常态，国家对重点支持的产业结构进行了调整。功能材料作为新材料产业的新兴领域，在我国未来经济发展中将起到重要作用。国家中长期新材料人才发展规划明确提出，新材料作为战略性新兴产业发展的基础和先导，对新材料及其产业化提出了迫切需求。要解决新材料领域的突破与创新，达到与世界先进水平共进，其根本是要解决具有创新、创造思维和能力的人才培养。这就要改变现有教育体制，不断探索和完善教育教学模式，以创新和创业能力为方向，使受教育者所学知识学以致用，达到与经济发展同步。

大学生创新创业教育需通过各种适合的教学方式培养学生的创新创业意识、思维、技能等各种综合素质，激发学生的创新、创业原生动力。这不仅是素质教育在实践上的深化，更要建立可操作、可评价的教育教学机制以保证可实施性。我校功能材料专业，以培养学生创新精神、创新能力为目标，基础教学之外提供多种创新实践平台，并探索、尝试建立了与之相适应的教育教学模式。与以往的教育方法比较，培养出的学生创新创业能力普遍提高，效果显著。

功能材料专业的特点是基础理论多学科交叉，理论的深度和广度是现有课程体系不能涵盖的。如能源材料（Energy Materials）和环境材料（Ecomaterial），即能量转换材料和环境友好型材料，目前在国际、国内科学界都没有给出明确的分类属性，但却是社会和经济可持续发展所必需的。研究开发能源材料、环境材料以及相应的前沿技术，既需要掌握材料科学技术的基本理论，又需要具备能源、环境等多学科理论，做到知识体系融会贯通。在教育方法上应注重知识的全面化和向纵深研究之创新能力培养。为此，我校构建了功能材料专业创新创业教育体系（图2-1），其主要内容如下。

（1）教师企业挂职锻炼，提高创新创业教育质量。每年选派2～3名中青年教师到企业挂职锻炼6个月，直接从事生产技术开发与企业管理工作，掌握功能材料行业与产业创新发展动态，不断提升教师创新创业教育基本素质和能力，提高创新创业教育质量。

（2）实施创新创业启蒙教育，培养首创精神首创意识。在指导学生学好课程的同时，接受功能材料专业大学生"四位一体"创新创业启蒙教育，培养大学生首创精神首创意识。

（3）聘请企业家进行创新创业教育，掌握学术前沿和动态。聘请国家级开发区、北京中关村高新技术企业、生态环境功能材料专业委员会会员单位的技术人员为合作指导教师，与校内教师共同指导大学毕业论文，使80％以上学生的毕业论文工作得到企业专家的具体指导，了解和掌握功能材料学术前沿和动态。

（4）开放实验室，锻炼学生科研与实践动手能力。改变传统教育模式下实践教学处于从属地位的状况，尽可能为更多学生提供综合性、设计性和创造性的实践环境，以便使每

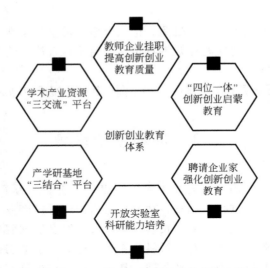

图 2-1　功能材料专业创新创业教育实践模式

个学生在大学期间都能接受多个实践环节的培养，这不仅能使学生掌握扎实的基本知识与技能，而且对提高学生的综合素质及创新能力大有益处。

（5）创建"三结合"产学研基地，提供创新与创业平台。依托在 5 省市已经创建的技术与产业、技术与经济、技术与实践结合的高水平产学研基地，学生与教师一起在高水平产学研基地从事科研创新工作，受到企业家创业、创新精神熏陶和教育，加快大学生以创业代替就业的思想转变。

（6）创建"三交流"学术平台，开阔视野。依托整合国内能源与环境材料领域高水平学术资源、产业资源，领衔创建了 4 个国家（部）级学（协）会的相关专业委员会（分会），为大学生培养建立学术交流、产业交流、技术交流的机制，开阔师生视野，催生创新萌芽。

功能材料专业创新创业教育模式内涵示意图可用图 2-2 表示。具体为，以能源、环境、材料多学科理论交叉融合课程体系及生态环境功能材料、新型能源材料等专门知识为基础，高水平优秀教师团队为依托，科研训练为支撑，产学研基地为平台，竞赛活动为引导，为了解决所学知识与创新实践的衔接，从 2005 年开始已经与国内多家新材料生产厂家、公司合作建立了产学研联盟，为创新创业能力的培养提供实践基地。将学术研究成果应用于企业并让学生直接参与技术的改进与创新，创建的技术与产业、技术与经济、技术与实践、技术与标准化结合的四结合实践平台，促进大学生从就业到创业的思想转变，提高创新与创业能力。在此基础上，整合国内能源环境材料领域高水平学术与产业资源，创建了国家（部）级学（协）会学术组织，为人才培养提供学术交流、产业交流、技术交流的"三交流"平台，鼓励学生参加各类大学生创新创业项目和竞赛活动及教师科研项目，让学生积极参加学术会议、提出学术见解和开拓思路。通过多年的研究探索和实践，显现出在功能材料专业本科教育中，建立的创新创业启蒙教育机制是行之有效的。

针对功能材料专业的特点，以培养具有创新型人才为目标，在创新创业教育实施过程中，为使功能材料学生在大学学习的启蒙阶段建立起创新精神和创新意识，实现掌握能源环境材料最新技术的复合型产业技术人才培养目标，探索和构建了形式为班导师学术指导、大学二年级第一学期开设"功能材料前沿讲座"课程、指导学生创刊大学生读物《功

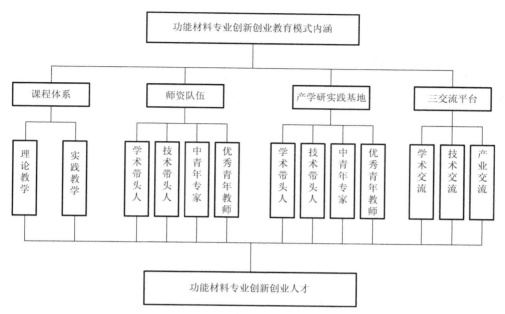

图 2-2　功能材料专业创新创业教育模式内涵示意图

能材料通讯》、组织二年级以上学生参加国家和河北省大学生创新创业训练计划项目（以下简称大创项目）和教师科研项目研究的"四位一体"的功能材料专业创新创业启蒙教育机制（图 2-3），其具体内容如下。

（1）为功能材料专业每个班安排一名学术班导师，负责学生学术指导和学习规划指导，同时在思想、心理等方面给予学生引导和帮助，促进学生综合素质的全面提高。

（2）大学二年级第一学期开设 32 学时的"功能材料前沿讲座"课程，让学生学习专业基础课及专业课前就接触和了解功能材料专业领域学术前沿和行业产业发展现状与未来。

（3）指导组织功能材料专业大学生创刊学生读物《功能材料通讯》，提高学生了解本专业、行业动态及学术前沿，培养组织协调能力和洞察未来发展趋势能力。

（4）指导组织二年级以上大学生参加国家、河北省大创项目和教师科研项目研究，教师为学生提供选题、创新、创业、研究指导和咨询。

通过以上机制的实施，在保证理论基础知识扎实的基础上，尽早培养学生建立在新材料领域的首创精神和首创意识。

"四位一体"的创新创业启蒙教育机制的实施，为学生掌握专业知识和实践提供了一个可切身参与的创新能力培养平台，也生成了一个启迪创造性的实践环境。这种机制使每一个学生在大学期间，在掌握基础知识和理论的同时边实践边学习，充分得到研究和实际操作能力的磨练。通过对几届本专业学生的跟踪效果统计显示，其综合素质和能力得到显著提高，为国家和社会提供了多批次能源环境材料方向、具备科研和创新能力的复合型产业技术创新型人才。

2011—2013 级功能材料专业学生按照创新创业启蒙教育机制的计划安排，在基础课学习的同时，部分同学逐批次进入科研课题组，参与教师在研项目以及大创项目。易洁陶

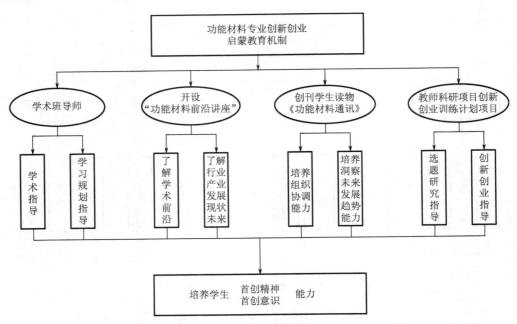

图2-3 "四位一体"功能材料专业创新创业启蒙教育机制示意图

瓷是在普通日用陶瓷的釉料中添加具有自洁作用的纳米无机功能材料，使陶瓷表面生成致密的超光洁层，具有不沾油污、抗菌抑菌、极易清洗、减少洗涤剂和用水量特点，属于新型节能和环保技术材料。在研项目"日用陶瓷表面易洁抗菌功能化材料制备技术研究"列入"十二五"国家科技支撑计划重点项目课题。项目研究过程中让2010级部分学生加入了课题组，参与试验、分析和材料筛选任务。在研究易洁性能如何测试的问题上，国内外都没有提出过定量化表征方法。在指导教师的启发引导下，学生通过查资料、理论分析和试验，提出了以测试清洗后沾附在陶瓷釉面油滴残留量多少作为参数实现易洁性能的表征方法，并通过大量的试验数据归类，确定了易洁陶瓷的等级属性及评价方法，依此制定出了《日用瓷器易洁性检测方法（GB/T 31859—2015）》国家标准。在以上研究的基础上，部分学生得到了2012年度大学生创新创业训练计划项目"陶瓷易洁性测试评价装置的研究"的资助，此后还开发制作出了固体易洁性能测试系统，取得了很好的成绩。

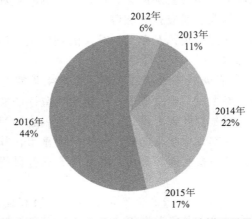

图2-4 2012—2016年学生参加大学生创新创业训练计划项目及教师科研项目统计

　　近五年学生参与教师在研或大创项目总计 18 项，并且按计划逐年逐届增加。参与人数占专业学生总数的 48.9％，其中 2012 年参加项目 1 项占比 6％（图 2-3），之后参加学生数和项目数逐年递增，到 2016 年达到 8 项占比 44％。实践中，随着对新启蒙教育机制的不断调整和完善，其效果日臻显现。参加项目的学生在教师的指导下，普遍掌握了科学研究的基本方法，学会各种测试仪器设备的使用，撰写实验报告、发表科研论文、国家专利申请，设计和开发制作针对材料性能的专用测试设备等（表 2-6），毕业后多人次被多所国内外著名大学录取为硕士研究生。通过参加项目的实践训练，显著提高了学生们的专业知识与技能，在自身的学术水平与能力提高的同时，创新思维、协作精神以及综合应用所学知识解决实际问题的能力也得到极大提升。

表 2-6　功能材料专业学生参加大学生创新创业训练计划项目、教师科研项目及取得成果

年度	学生人数	项目类型、等级及项目数量	成　　果	攻读硕士研究生人数及大学名称
2012	3	国家级大创项目 1 项	授权发明专利 1 项 授权实用新型专利 1 项 核心期刊论文 1 篇 研发测试装置 1 台	重庆大学 1 人 北京科技大学 1 人 德国 Karlsruher Institut Fur Technologie 大学 1 人
2013	4	国家级大创项目 1 项、校级 1 项	授权发明专利 1 项 实用新型专利 1 项	河北工业大学 2 人 吉林大学 1 人 贵州大学 1 人
2014	17	国家级大创项目 1 项、省级 2 项、校级 1 项	申请国家发明专利 4 项 授权国家实用新型专利 1 项 核心期刊论文 1 篇	清华大学 2 人 北京理工大学 1 人 北京航空航天大学 1 人 中科院上海微系统研究所 1 人 天津大学 1 人 河北工业大学 2 人 德国 Karlsruhen Institut für Technologie 大学 1 人
2015	7	国家级大创项目 1 项、教师在研项目 2 项	申请国家发明专利 1 项 实用新型专利 1 项	清华大学 1 人 北京科技大学 2 人 北京理工大学 1 人 天津大学 1 人 河北工业大学 1 人
2016	32	国家级大创项目 4 项、省级 1 项、校级 3 项	在　　研	

　　功能材料专业从最初创建到形成比较完善的教学体系，培养出学生的质量以 2015 年首届功能材料专业 33 名毕业生为例，14 人被多所国内外著名大学录取为硕士研究生，其中 2 人同时被清华大学免试录取攻读硕士学位；3 人创办了企业；其余 16 人分别被理想的企事业单位录用；2015—2016 届毕业生中 2 人由于受到本专业办学特色和学术影响力吸

引，被河北工业大学录取免试攻读硕士学位。此外，2017届毕业生又有1人被清华大学拟免试录取攻读硕士学位。

在进行的功能材料专业大学生创新创业教育研究与实践活动中，采用创新启蒙教育机制培养的本科生除具备扎实的基本理论、专业知识及实践技能外，还具有很强的首创精神首创意识和创新能力。经过多年的探索和教育实践，建立的"四位一体"功能材料专业大学生创新创业启蒙教育机制，提高了功能材料专业人才培养质量。与此同时也激发了教师的活力、业务水平、教学质量以及学术影响力明显加强。为经济新常态输出功能材料专业方向高质量、具有创新创业能力的优质人才做出了有益的尝试。

参考资料

1. 王贤芳等，《论高校创新创业教育体系之重构》，《教改创新》

2. 《关于大力推进高等学校创新创业教育和大学生自主创业工作的意见》

3. 王长恒，《继续教育研究——高校创新创业教育生态培育体系构建研究》，继续教育研究杂志社，2012年第2期

4. 《普通本科学校创业教育教学基本要求（试行）》通知，中华人民共和国教育部

5. 鲍桂莲等，《中国电力教育—对国内高校创新创业教育状况的分析与思考》，中国电力教育编辑部，2011年第35期

6. 国家中长期新材料人才发展规划（2010—2020年）[A]，2011.12：2-9.

7. 陈文娟，姚冠新，任泽中．将创新创业教育全面融入高校课堂教学体系[J]．中国高等教育，2012(2)：44-45.

8. 宋之帅等．大学生创业教育课程体系的科学构建[J]，创新与创业教育，2010，1(3)：74-76

9. 张莉，徐业湾．抓好关键环节，培养学生实践能力[M]．中国高等教育，2004.3

10. 庞永师，林昭雄，陈德豪等，应用型人才创新能力培养模式探索[J]．高等工程教育研究，2008(2)：145-148

第3章
功能材料专业教学管理

功能材料专业教学管理包括教学文件管理、教师管理、学生管理、教学计划管理、教学过程管理、教学质量管理等。

3.1 教学文件与过程管理

3.1.1 教学文件

教学文件是指导和设计教学运行、记载教学过程及结果、总结教学经验等各类资料的总称，是学校规范教学组织和管理、实现培养目标的保证。学校依据"按程序提交、审查和批准及使用教学文件"程序管理教学文件。制定的这些教学文件包括指导性教学文件、实施性教学文件、实习教学文件。

1. 指导性教学文件

指导性教学文件是国家教育部和各级教育行政部门统一制定和颁发的教学文件，是指导高等院校全面推行素质教育、深化专业教育教学改革、评价专业教育教学质量的基本依据。这类文件由学校本科生院管理，并以此文件为依据，制定学校的专业教学计划、教学大纲及其他教学管理文件。

2. 实施性教学文件

实施性教学文件是学校为落实指导性教学文件、根据专业培养目标、课程设置、基本教学要求及课程教学实施计划而制定的教学文件，是保证和评价学校教育教学质量的重要依据。实施性教学文件管理是学校制定的教学文件的贯彻执行情况过程的管理。这类文件包括人才培养方案、教学大纲、学期授课计划、教案等。

1）人才培养方案

人才培养方案的设计和实施是我校实现人才培养目标和培养人才的基本途径，是衡量高等学校办学水平的重要标准，是在对人才培养目标进行科学规划的基础上制定的，其制定的质量和水平直接关系到培养目标的达成和整个学校的改革和发展。功能材料系根据《教育部关于全面提高高等教育质量的若干意见》（附件1）以及《河北工业大学关于制订2015版本科专业人才培养方案的意见》（附件2）精神，又重新修订了《河北工业大学功能材料专业人才培养方案》，之后上报学校本科生院进行检查审批，再由教学主管校长批准方可执行，任何人无权擅自调整和改动。2015年开始执行2015版《河北工业大学功能材料专业人才培养方案》（附件3）。功能材料专业人才培养方案是制定课程教学大纲和其他实施性教学文件的基础，学校各教学和教学管理部门教学过程中均严格执行该文件。随着经济发展和社会需求的变化，在不断深入调研的基础上，功能材料系定期会对人才培养计划进行论证和修订。

2）教学大纲

教学大纲是根据课程计划，以纲要的形式规定某一门课程教学内容的文件，是选择教材、教师进行教学活动、制定授课计划的主要依据，也是检查、评定学生学习成绩、衡量教学质量的重要标准。功能材料系按照"河北工业大学本科课程教学大纲制订及管理办法（试行）（附件4）"精神，于2014年对专业课、专业选修课、自主学习课程及集中实践教学环节中的21门课程教学大纲（见第2章2.2.3专业及专业选修课程、2.2.4通识教育选修课程及自主学习课程、2.2.5集中实践教学中教学大纲内容）重新进行修订。任课教师按照教学大纲要求组织教学，并在教学进度计划、教案编写、教材选择、课堂教学、实践教学、考核评价及教学质量检查中贯彻落实。

3）教案

教案是以课时为单位对教学内容及教学方法进行系统地规划和安排，是教师备课和教学的依据，为提高课堂教学效果提供基本保障。为更好地落实课程教学的相关规定，保证教学质量，功能材料系按照"河北工业大学本科教学课程教案编写及管理规定（试行）（附件5）"要求，教师编写了每门课程的教案。通常教师在开学前准备好两周的课程教案，学校本科生院定期对课程教案进行检查，教师在上课进程中可根据具体情况对所编写的教案进行必要的调整。

4）实习教学文件

为规范实习教学管理，提高教学质量，结合学校实际情况，在广泛征求意见的基础上学校制订了河北工业大学本科教学质量保障与监控体系文件汇编（附件6）《河北工业大学实习教学规范与管理规定》（附件7）、《河北工业大学实习经费管理办法》（附件8）、《河北工业大学实习基地管理规定》（附件9）、《河北工业大学本科教学质量保障与监控体系（实习教学）》（附件10）等实习教学文件。

3.1.2 教学过程管理

教学过程管理是依据教学管理文件，对日常教学过程、教学秩序、考核评价、教材使用等进行控制和管理。教学过程管理是落实功能材料专业教学实施方案，保证教学秩序和教学质量的必要手段。教学过程管理包括日常教学过程管理和教学秩序管理、课堂教学规范与管理。

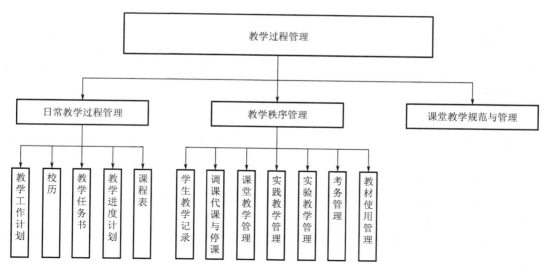

1. 日常教学过程管理

日常教学管理主要包括教学工作计划、校历、教学任务书、教学进度计划、课程表的编排等。

1）教学工作计划

教学工作计划是确定学校各学年和各学期教学工作的指导思想、工作目标和具体任务的文件，每学期学校根据教育行政部门的工作计划和教学目标管理的基本要求，制定教学工作计划。教学工作计划由校长提出，经校长办公会议审议后，于新学期开学前下达贯彻。系教学工作计划由系主任根据学校教学工作计划，结合本系具体情况按学期制定，由学校本科生院审批后执行。

2）校历

校历是学校按年月日编排的教学工作日历，是统一安排教学及其他工作的依据，要对学期起止时间、学期教学活动周数、教职工和学生寒暑假的具体日期、法定节假日等做出日期安排。校历每学年分两个学期，依据教委制定下发的校历，由我校本科生院牵头编制，于放假前一个月在校园网上公布。2016 秋季校历见附件 11。

3）教学任务书

本科教学任务是功能材料专业培养方案的具体体现，教学任务书不仅是学校组织教学工作、教师承担教学任务的依据，同时也是学校评聘教师职称、核定教师教学工作量的重要依据。为保证教学质量，加强本科教学任务的管理，系任课教师按要求逐项填写教学任务书，教学任务书由系主任审批后施行。依据文件"河北工业大学本科教学任务管理规定（试行）"（附件 12），每学期期末，系主任根据执行的培养方案，向学院上报下学期的教学进程表，学院上报本科生院；本科生院向学院下达教学任务，学院核实教学任务，系负责落实任课教师，学院将任课教师情况汇总上报本科生院，本科生院下达课程表，学院对课程表进行核实和调整，保证课程与教师安排无差错，最后系下达到每一位任课教师。

4）教学进度计划及课程表

教学进度计划是功能材料系教师落实教学大纲要求的教学进度安排，是教学进程的具体设计。教学进度计划由任课教师接到教学任务书后，根据学校统一制定的教学进度计划表（附件13）认真设计填写。教学进度计划由系主任审批后执行。课程表是教师进行正常教学的依据，按照学校"河北工业大学课程表管理规定"（附件14），学院为功能材料专业班科学而合理地编制课程表。课表（附件15）于开课前一学期放假前2周内制定，经教学副院长审批后执行，并上报校本科生院。任课教师按照教学进度计划组织教学，学校本科生院严格依照教师教学进度计划及课程表安排检查教师的实际教学情况。

2. 教学秩序管理

教学秩序管理是保证教学质量的重要手段，包括学生教学记录、调课、代课与停课、课堂教学管理、实践教学管理、实验教学管理、考务管理及教材使用管理。

1）学生教学记录

学生教学记录是记录学生出勤情况、教师授课情况及计算教师工作量的原始记录，任课教师每次要认真记录学生考勤情况，规范填写学生教学记录表（附件14）。校本科生院定期检查各课程的学生教学记录表填写情况，统计有关数据并做好记录，学期末收回存档。

2）调课、代课与停课

教学过程中要严格执行教学进程表（表1-2）和课表（附件15），确因特殊情况需要调整上课日期和时间的，要到本科生院办理调课、代课或停课手续。

调课、代课时，由教师本人填写调、代课申请表（附件17），系签署意见，并提出调、代课方案，在课前报送本科生院审批，本科生院将调、代课通知及时发给有关教师和班级。未经本科生院同意，教师不得擅自进行调、代课。

如需停课时，规定的教学时间不得随意占用，不得随意停课。特殊情况下的临时停课须经本科生院批准，由本科生院发出通知后执行。

3）课堂教学管理

（1）课前，需做好编制学期授课计划、教案，制备教具，制作课件，试验预试等工作。新学期开学前，教师根据教学大纲编制好新学期授课计划，经系主任审核后，开学后的前3周之内将学期授课计划报校本科生院检查、备案。教师在课前应认真备课，并根据学期授课计划，编写教案，系主任审核教案。开学前教师应准备2周的新教案，开学后教师原则上应保持2周的提前教案。校本科生院根据需要，随时检查教师的教案。

（2）课中，本科生院组织校督导组，通过教学巡视，检查教师上课及教学进度、教案等，及时反馈信息。教师要遵守课堂教学常规，按教学进度上课，按时上下课，维护好课堂秩序。

（3）课后，教学环节包括课后反思、辅导与答疑、批改作业等工作。课后反思是教师在课后对整个教学过程的回顾、分析和审视，是总结教学得失成败的重要手段。校本科生院定期对教师课后反思进行检查，并在一定条件下，组织教师进行交流、研讨。校本科生院在结课考核前须统一组织教师对学生进行辅导答疑。教师可结合教学进度，不定期进行课外辅导和答疑，指导学生优化学习方式。校本科生院对教师批改作业进行定期和不定期检查，教师布置的作业应符合教学目标要求，具有代表性、典型性、综合性，作业数量和难度适当。教师要对作业中的普遍性问题集中讲评，并及时批改，评出成绩或写出评语。

4）实践教学管理

实践教学管理应包括认识实习、生产实习、毕业论文等教学环节管理。实践教学不得违反劳动、人事和教育部门对学生实习的有关规定。功能材料系按照专业教学实施方案的安排和实习大纲的要求，根据学校和实践地点的具体情况，提前做出实践教学计划，并报学院教学管理部门进行安排。教学实践结束后，组织学生进行教学总结，撰写实习报告、毕业论文并上交学院存档。

5）实验教学管理

实验教学是教学过程中理论联系实际，培养学生动手能力、观察能力、分析和解决问题能力的重要环节，也是培养科学精神与创新精神的重要环节，在人才培养过程中具有重要的地位和作用。为规范实验教学，实现科学化、规范化管理，不断提高实验教学质量，我校制定了"河北工业大学实验教学规范与管理规定"（附件 18）、"河北工业大学本科教学质量保障与监控体系（实验教学）"（附件 19）。

6）考务管理

考务管理是评定学生掌握知识和技能的程度，督促学生系统复习和巩固所学知识和技能、对教学进行质量检查的重要手段。学校考务管理主要包括考核的组织与安排、考核命题的审核、试卷评阅与分析、学生成绩的统计与评定等。

（1）考试组织与安排。凡专业教学实施方案规定开设的课程和独立设置的实践教学环节都须进行考核。

（2）考核方案的制定与管理。考核方案依据教学大纲的要求制定，注重评价主体的多元和评价方式的多样，以全面考查学生的知识和能力。考核形式结合课程目标、内容、特点和学生未来职业岗位需要，采取理论考核与实践操作考核相结合、笔试与口试相结合的形式。

（3）考核评价管理。任课教师认真评阅试卷，并以专业班级为单位进行试卷分析，全面分析教与学的成功与不足，并提出针对性的改进意见。教学管理部门抽查教师阅卷情况，并对各课程考核结果进行全面分析，将存在问题反馈至任课教师。

（4）学生成绩的统计及评定。学生学期考试的统计及评定，一般采用百分制，也可采用优秀、良好、及格、不及格的等级评分制。评定学期成绩时综合考虑平时成绩及期末考核成绩，其所占比例为平时成绩占 30％、期末成绩占 70％。

7）教材使用管理

功能材料专业教材以专业教学实施方案和教学大纲为依据，与教学大纲相配套。由教师提出教材选用方案，报校本科生院，经审核同意后选用。

3. 课堂教学规范与管理

课堂教学是教学的基本形式，是学生获取知识、修养品德、提高素质的主渠道，为切实加强教学管理，确保课堂教学规范、有序、可监控，建设优良的教风、学风，全面提高教学质量，学校制定了"河北工业大学课堂教学规范与管理规定（试行）"（附件 20）。

3.2　教学质量标准

学校、学院建立了教学质量管理体系，明确岗位责任和目标，实施全面教学质量管理，学院、系两级对各教学环节进行质量监控。通过严格管理教学组织过程，认真执行

"教学督导"制度，坚持"期中教学检查"制度，严格遵守学校的"考试纪律和课程考试考核管理"制度等措施，保证教学计划顺利实施。

1. "教学督导"制度

依据"河北工业大学本科教学督导委员会章程（修订）"（附件21），学校设有校级教学督导组，学院设有院级教学督导组，督导组由教学经验丰富的教师和学院领导组成，随机检查课堂教学、指导设计等教学环节，并公布检查结果。学院通过执行"试讲制""集体阅卷""毕业设计开题""毕业设计预答辩"等院级教学管理制度，保证了教学质量的稳定与提高。

2. 期中教学检查制度

在每个学期中旬，学校会下发"关于开展××××年春（或秋）季学期期中本科教学检查工作的通知"（附件22），根据通知精神，学校、学院积极坚持做好期中教学质量检查。教学督导组和学生分别对任课教师进行听课、教学文件检查以及网上评价等，填写相关表格（附件23），评价结果反馈到学校。此外学校与学院还要组织由学生代表、任课教师和辅导员等参加的座谈会，沟通教与学，改进教学，促进学习。

3. 考试纪律和课程考试考核管理制度

为进一步规范课程考核的有效管理，严肃考场纪律，根据教育部有关规定，学校制定了"河北工业大学本科生课程考核管理规定（试行）""河北工业大学监考教师守则""河北工业大学学生考试违规处理办法（试行）"等系列文件（附件24）。

3.3　教学运行监控

学校针对教学管理的各项内容分别制定了相应的规章制度。同时，学院也制定了一系列管理制度或实施细则（附件25），如"河北工业大学实习教学规范与管理规定"" 河北工业大学实习经费管理办法"" 河北工业大学本科教学质量保障与监控体系"等，使教学管理有章可循。

3.4　其他教学管理制度

1. 新教师培训制度

学校制定了"关于我校新入职专任教师岗前培训的规定（修订）"（附件26），使新进教师的培训工作有章可循。

2. 学生学籍管理细则

学生学籍管理细则在学校文件"河北工业大学本科生学籍管理规定（试行）（附件27）""河北工业大学本科生学籍管理规定（试行）"第五十条的补充规定（略）中做了严格规定。

3. 学生校内转专业管理办法

关于学生在学期间，学校对校内转专业制定了"河北工业大学关于学生校内转专业的规定"（附件 28）管理办法。

3.5 专业建设规划

功能材料为 2010 年教育部批准建设的国家战略性新兴产业新增本科专业，2012 年纳入国家级专业综合改革试点建设项目。专业建设是高等院校人才培养工作的基石。功能材料系高度重视专业建设，把专业建设工作抓实、抓好。专业建设规划以及系列的相关文件由系组织校内、外著名专家、学者多次研讨论证，制定了"河北工业大学功能材料专业建设规划""河北工业大学功能材料专业综合改革方案""河北工业大学功能材料专业综合改革执行方案""河北工业大学功能材料专业实验室建设方案（附件 29）""河北工业大学校企合作协议与共建方案""河北工业大学联合培养功能材料专业创新人才合作协议"（略）等方案，经本科生院审核、主管教学校长批准，目前这些方案正在实施中。

附件

1 教育部关于全面提高高等教育质量的若干意见（略）

2 河北工业大学关于制订 2015 版本科专业人才培养方案的意见（略）

3 河北工业大学功能材料专业人才培养方案（2015）（略）

4 河北工业大学本科课程教学大纲制订及管理办法（略）

5 河北工业大学本科教学课程教案编写及管理规定（略）

6 河北工业大学本科教学质量保障与监控体系文件汇编（略）

7 河北工业大学实习教学规范与管理规定（略）

8 河北工业大学实习经费管理办法（略）

9 河北工业大学实习基地管理规定（略）

10 河北工业大学本科教学质量保障与监控体系（实习教学）（略）

11 河北工业大学 2016 秋季校历（略）

12 河北工业大学本科教学任务管理规定（略）

13 河北工业大学本科教学课程授课进度计划制订及管理规定（略）

14 河北工业大学课程表管理规定（略）

15 课表（略）

16 学生教学记录表（略）

17 河北工业大学申请调课单（略）

18 河北工业大学实验教学规范与管理规定（略）

19 河北工业大学本科教学质量保障与监控体系（实验教学）（略）

20 河北工业大学课堂教学规范与管理规定（略）

21 河北工业大学本科教学督导委员会章程（略）

第4章

功能材料专业课教学与实践

按照功能材料专业课程体系与教学进度安排，功能材料系在大学二年级的第一学期为学生开设"功能材料前沿讲座"，全面介绍国内外功能材料专业教育与人才培养状况、发展趋势，以及新能源材料、生态环境功能材料战略性新兴产业发展对创新人才需求；从大学二年级第二学期开始陆续进入专业基础课、专业课、专业选修课、专业实验、专业认识实习及生产实习、毕业论文等教学环节。本章重点介绍功能材料专业大学生典型的课程作业、专业课实验报告、认识实习和生产实习报告等。

4.1 功能材料专业课程作业

课程作业是学生在课外时间独立进行的学习活动，是对课堂教学所学知识的巩固和运用，是提高教学质量的重要途径。专业课程作业完成情况与课堂理论教学同样重要，如果哪个环节出现问题，都不可能很好地达到我们所要求的教学目的。因此功能材料系每位教师都非常重视这一教学环节。

本节主要介绍在功能材料专业必修课、选修课和专业自主学习课程学习过程中学生典型作业情况。

4.1.1 专业必修课作业

1. 课程"先进能源材料"作业

作业题目

化学电源按工作性质和贮存方式可以分为四类，概述四类化学电源的定义并举出实例，并写出对应的电池表达式。

出题要点

(1) 重点掌握四类化学电源的名称及定义。

(2) 熟悉四类化学电源的实例。

答题内容

答：化学电源按工作性质和贮存方式可分为以下四类。

（1）一次电池

一次电池又称原电池，如果原电池中电解质不流动，则称为干电池。由于电池本身不可逆或可逆反应很难进行，所以电池放电后不能再充电使用。

例如：

锌-锰干电池：（－）Zn│NH₄Cl＋ZnCl₂│MnO₂（C）（＋）

镉-汞电池： （－）Cd│KOH│HgO（＋）

锂电池： （－）Li│LiClO₄－PC＋DME│MnO₂（＋）

（2）二次电池

二次电池又称为蓄电池，即充放电后能反复多次循环使用的一类电池。

例如：

铅酸电池： （－）Pb│H₂SO₄│PbO₂（＋）

氢-镍电池： （－）H₂│KOH│NiOOH（＋）

金属氢化物-镍（MH－Ni）电池： （－）MH│KOH│NiOOH（＋）

锂离子电池 （－）C│LiPF₆-EC＋DEC│LiCoO₂（＋）

（3）贮备电池

贮备电池又称为"激活电池"，这类电池的正、负极活性物质在贮存期不直接接触，使用前临时注入电解液或用其他方法使电池激活。

例如：

锌-银电池： （－）Zn│KOH│Ag₂O（＋）

镁-银电池： （－）Mg│MgCl₂│AgCl（＋）

铅-高氯酸电池：（－）Pb│HClO₄│PbO₂（＋）

（4）燃料电池

燃料电池又称"连续电池"，即将活性物质连续注入电池，使其连续放电的电池。

例如：

氢-氧燃料电池： （－）H₂│KOH│O₂（＋）

肼-空气燃料电池：（－）N₂H₄│KOH│O₂（空气）（＋）

作业点评：

理解题目要点，能准确书写出四类电池名称、定义；所列各类化学电源表达式正确；掌握化学电源按工作性质和贮存方式的分类方法。

2. 课程"材料物理性能"作业

作业题目

多晶多相无机材料中裂纹产生和快速扩展的原因是什么？有哪些防止裂纹扩展的措施？

出题要点

（1）列举无机材料裂纹产生的原因。

（2）应用 Griffith 微裂纹理论解释裂纹快速扩展的原因。

（3）根据材料脆性断裂的本质提出改善材料韧性的措施。

答题内容

答：（1）裂纹产生的原因：

① 由于晶体微观结构中存在缺陷，当受到外力作用时，在这些缺陷处就引起应力集中，导致裂纹成核，例如位错在材料中运动会受到各种阻碍。

② 材料表面的机械损伤与化学腐蚀形成表面型纹，这种表面裂纹最危险，裂纹的扩展常常由表面裂纹开始。

③ 由于热应力而形成裂纹，大多数陶瓷是多晶多相体，晶粒在材料内部取向不同，不同相的热膨膨系数也不同，这样就会因各方向膨胀（或收缩）不同而在晶界或相界出现应力集中，导致裂纹生成。

（2）快速扩展的原因

按照格里菲斯微裂纹理论，材料的断裂强度不是取决于裂纹的数量，而是决定于裂纹的大小，即是由最危险的裂纹尺寸（临界裂纹尺寸）决定材料的断裂强度，一旦裂纹超过临界尺寸，裂纹就迅速扩展而断裂。因为裂纹扩展的动力可由 $G = \pi C\sigma^2 / E$ 计算，当 C（裂纹尺寸）增加时，G 也变大，而裂纹扩展阻力 $dWs/dc = 4\gamma$ 是常数，因此，断裂一旦达到临界尺寸而起始扩展，G 就越来越大于 4γ，即裂纹扩展动力越来越大于阻力直到破坏。所以对于脆性材料，裂纹的起始扩展就是破坏过程的临界阶段，因为脆性材料基本上没有吸收大量能量的塑性形变。

（3）防止裂纹扩展的措施：

采取微晶、高密度与高纯度、预加应力、化学强化、相变增韧、韧性相（如金属粒子）弥散于材料中增韧、纤维增强等方法，即可防止材料裂纹的扩展。

作业点评：

（1）题目理解准确，答题语言简练，表述清晰，重点突出。

（2）裂纹产生原因及防止裂纹扩展措施总结全面。

（3）掌握了无机材料脆性断裂的 Griffith 理论，并能应用理论知识解决实际问题，符合对"材料断裂强度"所讲内容的教学要求。

3．课程"无机材料物理化学"作业

作业题目

下图为 $CaO - Al_2O_3 - SiO_2$ 系统的富钙部分相图，对于硅酸盐水泥的生产有一定的参考价值。试回答以下问题：

（1）画出有意义的副三角形。

（2）用单、双箭头表示界线的性质。

（3）说明 F、H、K 三个无变量点的性质并写出各点的相平衡式。

（4）分析 M 熔体的冷却平衡结晶过程并写出相变式。

（5）说明硅酸盐水泥熟料落在虚线小圆圈内的理由。

出题要点

（1）根据划分副三角形的规则，在图中准确画出有意义的副三角形。

（2）根据连线规则、切线规则在图中准确画出界线的性质。

（3）根据重心规则判断无变量点的性质。

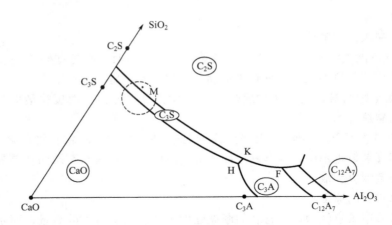

图 4 - 1　CaO - Al₂O₃ - SiO₂ 系统富钙部分相图

（4）根据初晶区、杠杆规则、三角形规则等写出 M 熔体在冷却平衡结晶过程中液相点和固相点的走势，并做到一一对应。

（5）根据三角形规则，确定水泥成分和含量的原则。

答题内容

答：（1）画出的有意义副三角形如图 4 - 2 中所示。

（2）用单、双箭头表示界线的性质如图 4 - 2 所示。

（3）图 4 - 2 中 F、H、K 三个化合物的性质和各点的相平衡式：

F—低共熔点，$LF \rightarrow C_3A + C_{12}A_7 + C_2S$

H—单转熔点，$LH + CaO \rightarrow C_3A + C_3S$

K—单转熔点，$LK + C_3S \rightarrow C_3A + C_2S$

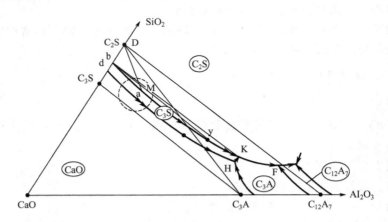

图 4 - 2　画出副三角形和单、双箭头的 CaO - Al₂O₃ - SiO₂ 系统富钙部分相图

（4）M 熔体的冷却平衡结晶过程的相变式：

液相点：

$$M \xrightarrow[f=2]{L \rightarrow C_2S} a \xrightarrow[f=1]{L \rightarrow C_2S + C_3S} y \xrightarrow[f=1]{L + C_2S \rightarrow C_3S} K \xrightarrow[f=0]{L + C_3S \rightarrow C_2S + C_3A} K$$

固相点：

$$D \xrightarrow{C_2S} D \xrightarrow{C_2S+C_3S} b \xrightarrow{C_2S+C_3S} d \xrightarrow{C_2S+C_3S+C_3A} M$$

（5）硅酸盐水泥熟料落在小圆圈内的理由。

因为硅酸盐水泥熟料中三个主要矿物是 C_3S、C_2S、C_3A。根据三角形规则，只有当组成点落在 $C_3S-C_2S-C_3A$ 副三角形中，烧成以后才能得到这三种矿物。从早期强度和后期强度、水化速度、矿物的形成条件等因素考虑，水泥熟料 C_3S 的含量应当最高，C_2S 次之，C_3A 最少。根据杠杆规则，水泥熟料的组成点应当位于 $C_3S-C_2S-C_3A$ 副三角形中小圆圈内。

作业点评

（1）对三元系统相图的基本规则理解准确，答题内容重点突出。

（2）能够利用判断三元系统相图的重要规则分析相图中点、线、面的含义。

（3）能够灵活运用三元相图的相关理论分析复杂的三元系统相图析晶过程，符合对"典型无机非金属材料相图"课上所讲内容的教学要求。

4. 课程"功能材料工艺学"作业

作业题目

简要说明隧道窑的工作流程。

出题要点

（a）准确描述待烧制品在隧道窑内的烧制过程。

（b）准确描述隧道窑内空气流动和烟气流动特点。

答题内容

答：图4-3为隧道窑的工作流程示意图。

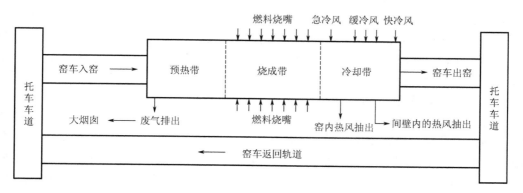

图4-3 隧道窑的工作流程示意图

（1）坯体的烧制过程。

隧道窑工作（图4-3）时，窑车上装载有待烧的制品从隧道窑的一端（窑头）进入，在窑内完成制品的烧制以后，再从隧道窑的另一端（窑尾）出窑，之后卸下烧制好的产品，窑车返回窑头继续装载新的坯体后再入窑内煅烧。制品在窑内经历预热带、烧成带、冷却带后即可完成煅烧工序工作。

（2）空气流动特点

窑尾鼓入的大量冷空气在冷却带被预热，一部分作为助燃空气，送往烧成带，另一部分抽出供坯体干燥或气幕用。

（3）烟气流动特点。

燃料在烧成带燃烧后所产生的高温烟气，沿窑内通道流入预热带，在加热坯体时本身被冷却，最后自预热带排烟口、支烟道、主烟道经排烟机、烟囱排出。

作业点评

（1）通过隧道窑工作流程示意图准确叙述了待烧制品在隧道窑内的烧制过程。

（2）对隧道窑内气体、烟气流向及煅烧过程中预热带、烧成带和冷却带的作用掌握较好，符合对"主要设备及应用"模块所讲内容的教学要求。

5. 课程"生态环境功能材料"作业

作业题目

举例说明我国开展资源、环境、材料相互关系研究的重要意义。

出题要点

（1）准确描述资源、环境、材料三者之间关系。

（2）结合实例，说明我国矿产资源开发利用现状及存在问题。

（3）结合实例，说明我国资源、环境、材料可持续发展策略。

答题内容

答：（1）资源、环境、材料三者关系：材料在获取资源、加工、使用和废弃的过程中，既推动着社会的发展和进步，又消耗了资源和能源，同时还会排放出大量的废气、废水和废渣，污染了环境。

（2）随着工业化的迅速发展，我国的材料产业包括钢铁、有色金属、化工、建材等主要行业，日益成为发展高新技术的支柱和关键。据统计，我国几种主要的原材料如钢铁、水泥、煤炭、平板玻璃、有色金属的产量已连续几年位居世界前列，而我国90%以上的能源和80%以上的工业原料都取自矿产资源，每年投入国民经济运转的矿物原料超过50亿t。尽管我国是一个材料生产和消费大国，但是几种主要原材料如钢材等单位GNP资源消耗率却大大高于世界平均水平，我国能源对单位GNP产出率却远远低于世界平均水平。资源、能源的过度消耗和效率低下，自然资源的不合理利用，造成工业废气、废水和固态废弃物的排放量急剧增加，加速了环境恶化和生态平衡。以钢铁生产为例，1亿t钢铁的能耗占工业总能耗的17.5%，排放的废水占工业总排放量的14.1%，废气占工业总排放量的30.0%。在矿产资源开发生产过程中，资源损失和浪费非常严重。如因受选矿技术水平、生产设备的制约，我国矿业生产的尾矿已达到100亿t以上，并呈逐年增加的趋势，而目前我国尾矿利用率很低，矿山尾矿占工业固体废物的30%，但其利用率仅为7%，大量的尾矿一般采用堆填处置，不仅浪费资源，同时挤占土地，工厂还得支付土地征用费、运费和填埋费等，增加了钢铁等材料的生产成本，同时还造成环境污染。此外，被生产出来的材料制品如汽车、飞机等也有一定的服役寿命，最后被废弃而排放进入环境，由环境来承担吸收、消纳和分解的任务。

（3）针对这种现状，应当积极探索既保证材料性能、数量需求，又节约资源、能源，还应采用与环境协调的材料生产技术，制定材料可持续发展战略，开发资源和能源消耗少、使用性能好、可再生循环、对环境污染少的新材料、新工艺和新产品。比如，对我国的尾矿来说，一方面提高消化再利用能力、寻找大规模的处理再利用途径是必不可少的；而另一方面，在追求铁尾矿"规模化"利用的同时，还应该不断研发铁尾矿再利用新工艺、新产品，谋求尾矿再利用的"功能化"，提高经济附加值，使铁尾矿再利用"既有量，又保质"，这对于提升尾矿产品市场竞争力，促进铁尾矿资源再利用的长久化、可持续化发展也具有重要意义。

作业点评

（1）对资源、环境、材料三者关系理解准确。

（2）对我国矿产资源的开发利用现状了解透彻，对存在的问题表述清楚。

（3）围绕可持续发展，提出了提高我国矿产资源利用率的有效措施。

6. 课程"功能材料导论"作业

作业题目

概述功能材料概念、特点及对社会经济发展的影响和意义，通过本课程的学习，你认为应该如何对功能材料进行设计。

出题要点

（1）了解功能材料的概念、特点。

（2）理解功能材料在我国未来社会、经济和科技发展中的重要价值和作用。

（3）熟悉功能材料设计的方法。

答题内容

答：（1）定义：功能材料是指具有特殊的电、磁、光、热、声、力、化学性能和生物性能及其互相转化的功能，不是被用于结构目的，而是用以实现对信息和能量的感受、计测、显示、控制和转换为主要目的的高新材料。

特点：①多功能化；②材料与元件一体化；③制造和应用的高技术性、性能和质量的高精密性和高稳定性；④材料形态多样化。

（2）价值和作用：功能材料对高新技术的发展起着重要的推动和支撑作用，在全球新材料研究领域中，功能材料约占 85％，对世界各国发展国民经济、保卫国家安全、增进人民健康和提高人民生活质量等方面有突出作用。我国对功能材料的需求是巨大的，功能材料的研发是改造与提升我国基础工业和传统产业的基础，直接关系到我国资源、环境及社会的可持续发展。

（3）功能材料的设计：材料一般都认为由四要素组成，即结构、成分、合成工艺和性能。根据材料所要求的性能不同，材料设计可从性能或结构出发（从微观、显微到宏观），实现材料设计。为了做好材料设计，首先需开展深入的基础研究，以了解物质结构与性能的关系。最终应达到提出一个需求目标就可设计出成分、制造流程，并做出合乎要求的功能材料。

① 金属功能材料：可以利用具有特定功能的金属材料，还可利用各种金属材料的特性，制备符合使用要求的金属材料，如合金。

② 无机非金属功能材：根据材料的功能要求设计配方及加工工艺。

③ 功能高分子材料：通过分子量设计合成新功能材料；通过特殊加工赋予材料以功能特性；通过两种或两种以上的具有不同功能或性能的材料复合获得新功能；通过对材料进行各种表面处理以获得新功能。

作业点评

① 能清楚了解功能材料的概念、特点，同时也认识到了功能材料对社会经济发展所起的作用，有利于学生从宏观上对功能材料树立基本的价值认识。

② 对功能材料的设计方法和思路有明确的认识，对学生在今后的学习和科研工作中进行系统深入研究功能材料具有一定的参考作用。

4.1.2 专业选修课作业

1. 课程"环境科学概论"作业

作业题目

国际汞公约对我国相关产业的影响。

出题要点

(1) 关注环境问题最新发展动向。

(2) 理解环境、社会经济发展、制度管控之间的复杂性。

(3) 培养广泛的视野。

答题内容

答：(1) 汞。

汞俗称水银，常温下是银白色的液体，熔点为 $-38.87℃$，是室温下唯一的液态金属，具有流动性。在自然界中主要以金属汞、无机汞和有机汞的化合物的形式存在。汞易蒸发，汞、汞蒸气及汞的化合物均有剧毒，汞是具有持久性、生物累积性和生物扩大作用的有毒污染物，对人体健康和生态环境具有很大的负面效应。

(2) 汞污染的来源。

汞的排放来自自然源和人为源两部分。自然源包括火山运动、自然风化、土壤排外和植被释放等；人为源排放指的是因人类活动引起的汞排放，包括汞的使用、物质当中含有汞杂质以及废物处理引起的汞排放三大类。汞排放主要源于化石燃料燃烧，燃煤电厂是大气中汞排放的最大源头。其他污染源还包括电厂以外的各种燃煤工业锅炉、废物燃烧、水银法氯碱生产、水泥生产、有色金属生产、钢铁生产等。

(3) 汞污染对人体健康的影响。

汞是环境中毒性最强的重金属之一。20 世纪 50 年代日本发生的水俣病事件，使人们充分认识到汞，尤其是甲基汞对人体和动物的毒害。

汞毒可分为金属汞、无机汞和有机汞三种。金属汞和无机汞损伤肝脏和肾脏，但一般不在身体内长时间停留而形成积累性中毒。有机汞和 $Hg(CH_3)_2$ 等不仅毒性高，能伤害大脑，而且比较稳定，在人体内停留可长达 70 天之久，所以即使剂量很小也可积累致毒。大多数汞化合物在污泥中微生物作用下就可转化成 $Hg(CH_3)_2$。

(4) 我国汞污染的现状。

我国汞资源总保有储量 8.14 万 t，居世界第三，而我国目前是世界上用汞量最大的国家。同时，我国又是全球范围大气污染最为严重的区域之一。我国汞矿、金矿、氯碱厂、有色金属冶炼厂地区的汞污染十分严重，包括了大气、水体、土壤等环境要素。土法炼汞地区空气汞浓度超过居住区大气汞浓度标准 17.5～2646.3 倍，生活饮用水超过卫生标准 1～3 倍，作物可食用部分汞含量超标十几到几百倍。我国城市地区大气和土壤汞污染也是很严重的，超标比例逐年上升。

（5）国际汞公约对中国相关产业的影响。

我国汞的总需求量占全球汞需求量的 30%～40%，居全球首位。截至目前，中国用电石法生产的聚氯乙烯占生产总量的 63%。电石法聚氯乙烯行业使用汞触媒约 7000t、氯化汞约 770t、汞约 570t，占中国汞消费量的一半以上，是中国乃至世界最大的耗汞行业。电石法生产聚氯乙烯的生产导致大量汞排放，而在此过程中，氯化汞触媒是最重要的催化剂，由此就会需要大量的汞。中国氯碱工业的"十二五规划"估算，到 2012 年，中国电石法聚氯乙烯产量达到 1000 万 t，汞触媒消耗量达到 1.2 万 t，汞的消耗量超过 1000t。而我国电石法聚氯乙烯生产中汞的使用量占全国汞消费量的 60%，这就决定了我国电石法聚氯乙烯将会成为未来国际汞公约履约的最重要领域。

其次是医疗行业，含汞医疗器械主要包括水银血压计、水银体温计和食道扩张器，牙科使用的汞含量，一些测量仪器内都含汞。中国医疗行业耗汞平均 200t 以上。据中国卫生部的数据统计，水银体温计年产量约 1.2 亿支，以每天体温计含汞 0.5g 计算，用汞就达 600t。

汞在日常生活中最常见的应用是荧光灯。2006 年中国报废的含汞照明电器，如果以 40W 标准荧光灯来折算，数量达 10 亿只，由于处置不当而释放到大气环境中的汞量约为 70～80t，因此对荧光灯管的后处理变得尤为重要。

汞污染的危害使得限制汞的排放已成为全球大趋势。中国在世界汞排放总量中占据 25% 以上，正面临全球性限汞所带来的压力和挑战。

作业点评

（1）对题目所要求的内容理解准确，答题语言简练，有逻辑性。

（2）比较准确全面地描述了污染物的性质、污染物来源及危害。

（3）描述了国内主要应用汞、排放汞的行业，由此看出环境保护与经济发展之间的相互制约关系，使学生的视野从对技术的关注开扩到对社会发展系统的关注。

2. 课程"无机非金属材料概论"作业

作业题目

概述四种破碎、筛分工艺流程的工作方法、工艺选择原则及工艺特点。

出题要点

（1）准确画出四种破碎、筛分工艺流程。

（2）对不同需要加工物料的不同粒度要求能准确选择破碎、筛分工艺。

（3）准确描述不同破碎、筛分工艺流程的特点。

答题内容

答：根据题目要求，所答内容见表 4-1。

表 4-1　各种破碎、筛分工艺流程对比

破碎、筛分 工艺类型	工 艺 流 程	工 作 方 法	工 艺 特 点	工艺流程 选择原则
仅破碎 不筛分	G1 ↓ （破碎） ↓ G1	直接对原料进行破碎	工艺简单、成本不高；但粒度大小不能保证	对物料粒度尺寸要求不严格的生产中可以选择此破碎工艺
先筛分后 破碎（一）	G1 －　＋ 筛分 （破碎） G1	对物料先进行筛分，对筛后不符合粒度要求的原料再进行破碎	工艺简单，可减少动力消耗	对物料粒度尺寸要求不严格的生产中可选此筛分、破碎工艺
先破碎后筛分	G1　G2 （破碎） －　＋ 筛分 G1	对物料先进行破碎再进行筛分，对物料粒度尺寸不符合要求的再进行破碎，直至物料粒度尺寸符合要求为止	此方法工序过程较多，费用过高，须根据实际生产要求确定此方法是否适用	对物料粒度尺寸要求严格的生产中可选此筛分、破碎工艺
先筛分后 破碎（二）	G1　G2 筛分 －　＋ （破碎） G1	对物料先进行筛分，对物料粒度尺寸不符合要求的再进行破碎，之后再过筛，直至物料粒度尺寸符合要求为止	此方法工序过程较多，费用过高，须根据实际生产要求确定此方法是否适用	对物料粒度尺寸要求严格的生产中可选此筛分、破碎工艺。此方法比先破碎后筛分更节省功耗

注：①破碎、筛分分别代表破碎和筛分工序；②筛分工序中"＋""－"分别代表筛上物和筛下物；
③G1、G2 代表不同工艺过程中的原料质量；④忽略破碎和筛分工序中的原料损耗。

作业点评

（1）对题目立意理解准确，答题语言简练，重点内容突出。

（2）工艺流程图简洁明了，工艺过程及工作内容表述清楚。

（3）工作方法、工艺特点、工艺流程选择原则高度概括，符合对"粉碎、筛分"工艺课上所讲内容的教学要求。

3. 课程"清洁能源概论"作业

作业题目

天然气水合物的主要成分、结构特点及形成条件。

出题要点

了解天然气水合物的成分及结构特点、存储及形成条件，对于认识未来人类新能源的勘探、应用具有重要作用，是解决人类能源短缺的重要方法。

答题内容

答：天然气水合物是一种外形像冰的白色固体结晶物质，外形如冰雪状，有极强的燃烧能力，所以又称为"可燃冰"。

天然气水合物主要成分是甲烷（CH_4）与水分子（H_2O）间以氢键相互吸引构成笼子的主体骨架，甲烷作为客体居于笼中，相互间以范德华力与水分子相互吸引而形成笼形水合物。

天然气水合物的形成须具备三个条件：

（1）低温（0～10℃），海底的温度是 2～4 ℃，适合甲烷水合物的形成。甲烷水合物高于 20℃ 就分解。

（2）压力足够高（＞10MPa 或水深 300m 以上）；在 0 ℃ 时，只需要 3MPa 就可形成甲烷水合物。

（3）充足的气源，海底古生物尸体的沉积物，被细菌分解会产生甲烷；或地球深处（地幔）产生石油和天然气不断进入地壳，被吸附在海底多孔状岩层介质上。

勘探证明，海洋大陆架外的陆坡、深海和深湖以及永久冰土带是天然气水合物形成的最佳场所。

作业点评

从天然气水合物的定义、性质回答了其主要成分、结构特点及形成条件。该生回答问题简明扼要，重点内容突出。

4. 课程"环境矿物材料"作业

作业题目

什么是风化作用？简述风化作用的分类及产物特点

出题要点

了解岩石矿物在自然条件下的形成、变化过程及造成变化的原因。

答题内容

答：（1）风化作用是指地表或接近地表的坚硬覆盖物如岩石、矿物与大气、水及生物接触过程中产生物理、化学变化而在原地形成松散堆积物的全过程。

（2）根据风化作用中物质性质变化，将其分为三种类型：物理风化作用、化学风化作用和生物风化作用。

（3）物理风化作用：是指地表岩石在原地发生机械破碎而不改变其化学成分，也不产生新矿物的作用。物理风化作用主要包括：岩石是热的不良导体，温度的变化使表层与内部受热不均，产生膨胀与收缩，长期作用结果使岩石发生崩解破碎；岩石裂隙中的水随着四季的变化不断冻融交替，引起冰劈、层裂的破碎作用；盐类结晶引起的撑胀作用；岩石因荷载解除引起的膨胀等。均可使岩石由大块变成小块以至完全碎裂，结果巨石变成颗粒细小的碎屑，特别是不同矿物颗粒间会从结合界面处断裂，出现纯度比较高的单个颗粒，但总体成分不变，没有新类型的物质出现。

化学风化作用：是指地表岩石矿物受到水、氧气和二氧化碳的作用，有些物质被水溶解，随水流失，有的不溶解残留在原地，从而发生化学成分和矿物成分的变化，并产生新矿物的作用。化学风化作用主要包括：水对岩石的溶解作用；矿物吸收水分形成新的含水矿物，从而引起岩石膨胀、崩解的水化作用；矿物与水反应，分解为新矿物的水解作用；碳酸盐分解的 CO_2 的碳酸化作用；岩石因受空气或水中游离氧化作用而致破坏的氧化作用。化学风化作用使化学成分和矿物成分变化，并产生新矿物，如高岭石、硬锰矿、孔雀石、蓝铜矿等金属硫化物。矿床经风化、氧化，产生的 $CuSO_4$ 和 $FeSO_4$ 溶液渗至地下水面以下，再与原生金属硫化物反应，可产生含铜量很高的辉铜矿、蓝铜矿等，从而形成铜的次生富集带。

生物风化作用：是指地表动物和植物对岩石的破坏，可以改变岩石的状态与成分。生物风化作用主要包括：植物根系的生长，洞穴动物的活动对岩石的机械破坏（亦属物理风化作用）；动物和植物死亡后，其尸体分解形成的腐植酸对岩石的侵蚀（亦属化学风化作用）。人为破坏也是岩石风化的重要原因。生物风化作用相对于大自然的物理和化学风化作用来说，其强度、规模都要小得多。

作业点评

思考问题比较全面，能够通过网络学习更多知识，对风化类型、风化过程有了比较全面的了解和认识。

4.1.3 自主学习课程作业

1. 课程"品质工学基础"作业

作业题目

为了减小在加工某零件时的孔偏心量，要求在试验中选择正交表 $L_{18}(2^1 \times 3^7)$ 进行正交试验设计，其可控因素为 $A \sim H$、误差因素为 X、Y（因素名称及水平见表 4-2），进行正交试验后得到的数据见表 4-3。

表 4-2 因素与水平（改善孔偏心量试验）

因 素 类 别	因素名称及符号	水 平
可控因素	A：刃具 Ⅰ	2
	B：刃具 Ⅱ	3
	C：刃具 Ⅲ	3
	D：传送速度	3
	E：转数	3
	F：切削量 Ⅰ	3
	G：切削量 Ⅱ	3
	H：切削用油量	3
误差因素	X：控制种类	2
	Y：机械种类	2

表4-3 设计与数据（改善孔偏心量试验）

因素 试验	A	B	C	D	E	F	G	H	数据/μm			
									X_1Y_1	X_1Y_2	X_2Y_1	X_2Y_2
1	1	1	1	1	1	1	1	1	8, 7	16, 15	12, 18	11, 11
2	1	1	2	2	2	2	2	2	10, 11	16, 10	9, 8	16, 13
3	1	1	3	3	3	3	3	3	11, 6	11, 13	10, 4	13, 8
4	1	2	1	1	2	2	3	3	3, 12	7, 11	5, 6	13, 6
5	1	2	2	2	3	3	1	1	5, 2	13, 6	3, 6	5, 3
6	1	2	3	3	1	1	2	2	8, 15	10, 15	9, 12	16, 7
7	1	3	1	2	1	3	2	3	8, 3	3, 2	7, 5	5, 5
8	1	3	2	3	2	1	3	1	9, 15	14, 8	12, 8	12, 7
9	1	3	3	1	3	2	1	2	8, 3	6, 7	9, 6	9, 3
10	2	1	1	3	3	2	2	1	12, 15	14, 15	16, 13	19, 12
11	2	1	2	1	1	3	3	2	14, 20	15, 8	13, 12	11, 6
12	2	1	3	2	2	1	1	3	16, 12	16, 15	18, 16	17, 13
13	2	2	1	2	3	1	3	2	16, 14	17, 19	16, 16	17, 17
14	2	2	2	3	1	2	1	3	12, 10	17, 10	11, 14	8, 11
15	2	2	3	1	2	3	2	1	15, 7	4, 12	9, 4	6, 12
16	2	3	1	3	2	3	1	2	7, 6	8, 6	5, 12	7, 7
17	2	3	2	1	3	1	2	3	6, 13	14, 14	15, 9	13, 10
18	2	3	3	2	1	2	3	1	17, 16	14, 11	16, 18	17, 14

（1）计算 SN 比。

（2）对品质特性进行方差分析。

（3）得出最佳试验条件并计算工程平均估算。

（4）当现行条件为 $A_2B_2C_2D_2E_2F_2G_2H_2$ 时，对比最佳条件和现行条件下孔偏心量的品质改善。

出题要点

（1）对不同品质特性应能做出正确判断，熟练掌握趋小特性 SN 比的计算。

（2）可进行正交试验设计和实验数据分析中的方差分析法，理解正交试验在品质工学中的重要作用。

（3）运用品质工学理论和方法实现修正偏差与提高品质。

这是一例综合性习题，涵盖所学"品质工学理论、数据解析基础、SN 比、正交试验设计"等内容，主要是考核学生将统计学和工程学方法相结合研究和解决质量问题的能力，做到在不增加成本的前提下达到产品质量最好和材料性能最优。

答题内容

答：（1）计算 SN 比。

根据题意已知，品质特性为零件的孔偏心量，希望偏心量越小越好，因此该品质特性为趋小特性。

由趋小特性 SN 比计算公式：

$$\eta = -10\lg \frac{1}{n}(Y_1^2 + Y_2^2 + \cdots + Y_n{}^2)$$

可以计算出 $\eta_1 - \eta_{18}$ 值，以 No.1 试验为例，计算其 SN 比，即

$$\eta_1 = -10\lg \frac{1}{8}(Y_1^2 + Y_2^2 + \cdots + Y_{18}^2)$$

$$= -10\lg \frac{1}{8}(8^2 + 7^2 + \cdots + 11^2)$$

$$= -22.12(\text{dB})$$

其他各组 SN 比见表 4-4。

表 4-4 设计与数据（改善孔偏心量试验）

因素\试验	A	B	C	D	E	F	G	H	数据/μm				η(SN 比)/dB
									X_1Y_1	X_1Y_2	X_2Y_1	X_2Y_2	
1	1	1	1	1	1	1	1	1	8, 7	16, 15	12, 18	11, 11	−22.12
2	1	1	2	2	2	2	2	2	10, 11	16, 10	9, 8	16, 13	−21.56
3	1	1	3	3	3	3	3	3	11, 6	11, 13	10, 4	13, 8	−19.98
4	1	2	1	1	2	2	3	3	3, 12	7, 11	5, 8	13, 6	−18.87
5	1	2	2	2	3	3	1	1	5, 2	13, 6	3, 6	5, 3	−15.92
6	1	2	3	3	1	1	2	2	8, 15	10, 15	9, 12	16, 7	−21.55
7	1	3	1	2	1	3	2	3	8, 3	3, 2	7, 5	5, 5	−14.19
8	1	3	2	3	2	1	3	1	9, 15	14, 8	12, 8	12, 7	−20.82
9	1	3	3	1	3	2	1	2	8, 3	6, 7	9, 6	9, 3	−16.59
10	2	1	1	3	3	2	2	1	12, 15	14, 15	16, 13	19, 12	−23.32
11	2	1	2	1	1	3	3	2	14, 20	15, 8	13, 13	11, 6	−22.37
12	2	1	3	2	2	1	1	3	16, 12	16, 15	18, 16	17, 13	−23.80
13	2	2	1	2	3	1	3	2	16, 14	17, 19	16, 16	17, 17	−24.38
14	2	2	2	3	1	2	1	3	12, 10	17, 10	11, 14	8, 11	−21.52
15	2	2	3	1	2	3	2	1	15, 7	4, 12	9, 4	6, 12	−19.49
16	2	3	1	3	2	3	1	2	7, 6	8, 6	5, 12	7, 7	−17.52
17	2	3	2	1	3	1	2	3	6, 13	14, 14	15, 9	13, 10	−21.66
18	2	3	3	2	1	2	3	1	17, 16	14, 11	16, 18	17, 14	−23.82

（2）方差分析。

全波动的计算

首先计算各因素各水平的 SN 比合计（见表 4 - 5）。

表 4 - 5　各因素各水平的 SN 比合计（改善孔偏心量试验）

因素＼水平	1	2	3	合　计/dB
A	−171.62	−197.87		
B	−133.16	−121.73	−114.60	
C	−120.41	−123.86	−125.23	
D	−121.10	−123.68	−124.72	−369.50
E	−125.57	−122.07	−121.86	
F	−134.33	−125.69	−109.47	
G	−117.48	−121.78	−130.24	
H	−125.50	−123.98	−120.02	

以 A 因素为例，计算其 1、2 水平的 SN 比合计，即

$$A_1 = (-22.12) + (-21.56) + \cdots + (-16.59)$$
$$= -171.62(\text{dB})$$
$$A_2 = (-23.32) + (-22.37) + \cdots + (-23.82)$$
$$= -197.87(\text{dB})$$

计算其他因素不同水平的合计方法与上述计算方法相同，结果见表 4 - 5。平均 SN 比为

$$\overline{T} = \frac{(-171.62) + (-197.87)}{18}$$
$$= -20.53(\text{dB})$$

全波动 S_T

$$S_T = \sum_{i=1}^{n} Y_i^2 - \frac{1}{n}\left(\sum_{i=1}^{n} Y_i\right)^2$$
$$= (-22.12)^2 + (-21.56)^2 + \cdots + (-23.82)^2 -$$
$$\frac{[(-22.12) + (-21.56) + \cdots + (-23.82)]^2}{18}$$
$$= 7729.59 - 7585.01$$
$$= 144.58 \qquad\qquad (f = 17)$$

各因素波动

首先求出均值波动 S_m，即

$$S_m = \frac{(-369.5)^2}{18} = 7585.01 \qquad\qquad (f = 1)$$

现求解各因素波动。以 A 因素为例进行因素波动的计算，若 A 因素的不同水平 SN 比合计分别为 A_1，A_2，则波动 S_A 为

$$S_A = \frac{(A_1 - A_2)^2}{18}$$

$$= \frac{[-171.62 - (-197.87)]^2}{18}$$

$$= 38.31 \qquad\qquad (f = 1)$$

$$S_B = \frac{B_1^2 + B_2^2 + B_3^2}{6} - CF$$

$$= \frac{(-133.16)^2 + (-121.73)^2 + (-114.60)^2}{6} - 7585.01$$

$$= 29.21 \qquad\qquad (f = 2)$$

同理可得其余因素的波动，即

$$S_C = 2.07 \qquad\qquad (f = 2)$$
$$S_D = 1.15 \qquad\qquad (f = 2)$$
$$S_E = 1.45 \qquad\qquad (f = 2)$$
$$S_F = 53.05 \qquad\qquad (f = 2)$$
$$S_G = 14.05 \qquad\qquad (f = 2)$$
$$S_H = 2.67 \qquad\qquad (f = 2)$$

各因素波动的合计为

$$S_A + S_B + \cdots + S_H = 141.96 \qquad\qquad (f = 15)$$

误差波动为

$$S_e = S_T - S_A - S_B - \cdots - S_H$$

$$= 144.58 - 141.96 \qquad\qquad (f = 2)$$

$$= 2.62$$

方差分析

将波动计算的结果整理到表 4-6 的方差分析中。

表 4-6 方差分析（改善孔偏心量试验）（SN 比）

因　　素	f	S	V	$\rho(\%)$
A	1	38.31	38.31	25.81
B	2	29.21	14.61	18.82
C	2	* 2.07	1.03	—
D	2	* 1.15	0.58	—
E	2	* 1.45	0.72	—
F	2	53.05	26.53	35.31
G	2	14.05	7.02	8.33
H	2	* 2.67	1.33	—
e	2	* 2.62	1.31	—
(e)	(10)	(9.96)	(1.00)	(11.73)
T	17	144.58		100.0

由方差分析可知，汇总效果小的因素 C，D，E，H 及误差 e 核算至误差项中，其自由度为 10，即

$$S_{(e)} = S_C + S_D + S_E + S_H + S_e$$
$$= 2.07 + 1.15 + \cdots + 2.62$$
$$= 9.96$$

先求解核算后的误差方差 $V_{(e)}$ 即

$$V_{(e)} = \frac{S_{(e)}}{f_{(e)}} = \frac{9.96}{10} = 1.00$$

使用核算后的误差方差，则 A 因素的贡献率 ρ_A 为

$$\rho_A = \frac{S_A - f_A \times V_{(e)}}{S_T} \times 100$$
$$= \frac{38.31 - 1 \times 1.00}{144.58} \times 100$$
$$= 25.81(\%)$$

其他因素贡献率可用相同方法求解，结果参见表 4-6。由此可知，因素 A、B、F、G 为显著因素。

（3）求最佳试验条件并计算工程平均估算。

由表 4-5 可知，最佳因素水平组合为 $A_1 B_3 C_1 D_1 E_3 F_3 G_1 H_3$

工程平均估算为

$$\eta_{佳} = \overline{A_1} + \overline{B_3} + \overline{F_3} + \overline{G_1} - 3 \times \overline{T}$$
$$= \frac{-171.62}{9} + \frac{-114.60}{6} + \frac{-109.47}{6} + \frac{-117.48}{6} - 3 \times \frac{-369.5}{18}$$
$$= -14.41(dB)$$

（4）当现行条件为 $A_2 B_2 C_2 D_2 E_2 F_2 G_2 H_2$ 时，对比最佳条件和现行条件下孔偏心量的品质改善。

现行条件下的 SN 比估算为

$$\eta_{现} = \overline{A_2} + \overline{B_2} + \overline{F_2} + \overline{G_2} - 3 \times \overline{T}$$
$$= \frac{-197.87}{9} + \frac{-121.73}{6} + \frac{-125.69}{6} + \frac{-121.78}{6} - 3 \times \frac{-369.5}{18}$$
$$= -21.94(dB)$$

收益为

$$\eta_{佳} - \eta_{现} = -14.41 - (-21.94) = 7.53(dB)$$

收益真数为

$$\hat{\eta}_{现} - \hat{\eta}_{佳} = -10\lg \frac{\frac{1}{n}\sum_{i=1}^{n} Y_{i现}^2}{\frac{1}{n}\sum_{i=1}^{n} Y_{i佳}^2}$$
$$= -10\lg \frac{\hat{\sigma}_{现}^2}{\hat{\sigma}_{佳}^2} = 7.53(dB)$$

$$\frac{\hat{\sigma}_{现}^2}{\hat{\sigma}_{佳}^2} = 10^{-\frac{7.53}{10}} = \frac{1}{5.66}$$

$$\hat{\sigma}^2_{\text{现}} = \frac{1}{5.66}\hat{\sigma}^2_{\text{佳}}$$

现行条件下的品质损失为

$$L_{\text{现}} = k\sigma^2_{\text{现}} = \frac{k}{5.66}\hat{\sigma}^2_{\text{佳}}$$

最佳条件下的品质损失为

$$L_{\text{佳}} = k\sigma^2_{\text{佳}}$$

品质改善为

$$L_{\text{佳}} - L_{\text{现}} = k\sigma^2_{\text{佳}} - \frac{k}{5.66}\hat{\sigma}^2_{\text{佳}} = 0.82k\hat{\sigma}^2_{\text{佳}}$$

作业点评

很好的运用了所学品质工学理论，对已给的零件加工工艺过程中孔偏心量进行了正交试验设计，通过系统 SN 比及各影响因素波动的计算，使其抗干扰能力得到极大提高，孔偏心量降低了 5.66 倍，实现了不增加成本，质量得到提高。

2. 课程"纳米科技与材料"作业

作业题目

简述纳米粒子的电子能级由准连续变为不连续的原因

出题要点

根据现代物理理论分析问题，提高认识程度，从而加深对纳米粒子特殊的声、光、电、磁、热性能的理解。

答题内容

答：所谓纳米粒子，顾名思义其粒径小到纳米量级，即小于 100nm 的颗粒。组成这样颗粒的内部包含的原子数必然是有限数量的，由于原子的直径在 10^{-10} m 的尺度，可以求得直径为 10nm 的球形颗粒所包含的原子数不会超过 10 万个。

根据能级间距（理论公式）的计算公式：

$$\delta = \frac{4E_{\text{F}}}{3N}$$

式中：E_{F}——费米能级，N——总电子数。

对于包含无限个原子的宏观物体，由于导电电子数 $N \to \infty$，由上式计算可得能级间距 $\delta \to 0$，即对大粒子或宏观物体能级间距几乎为零，为准连续状态；而纳米微粒包含有限数目的原子，即颗粒直径越小，N 值就越小，这就导致 δ 有一定的值，即能级间距发生分裂。

作业点评

根据现代物理理论中能级间距的计算公式推导并分析了纳米粒子的电子能级由准连续变为不连续的原因，对问题的理解和解释具有说服力。

4.2 专业课典型实验报告

实验室对大学生实践能力与创新精神、创新意识培养起着重要的作用，是培养学生应用能力及综合素质的重要基地。近年来，依托科学研究，功能材料系建设了核心课程基础实验室（表 4-7）、核心课程综合实验室、工业模拟科技创新试验室、产学研基地科技创新工业中试试验室，以及还开设有生态环境功能材料制备与性能测试实验室、环境与健康材料制备与性能测试实验室（表 4-8）、先进锂电池材料制备与性能测试、无机粉体材料制备与性能测试、环保陶瓷制备与性能测试系统等一批开发性综合实验室，在这些实验室中可以完成生态环境功能材料、先进能源材料、材料物理性能、无机材料物理化学等专业课程（表 4-9）涉及的基础实验，同时还可进行大学生创新项目的相关实验。做到了生均专业实验室面积充足、设施完善，设备完好率高，拥有用于本科教学的先进仪器设备，这些实验教学设备满足教学需要并有较高的更新率。

表 4-7　功能材料系专业实验室基本情况

名　　称	所属部门	面积 /m²	设备完好率（%）	更新率（%）
核心课程基础实验室	功能材料系	100	90	50
核心课程综合实验室	功能材料系	200	85	50
工业模拟科技创新试验室	功能材料系	300	95	50
产学研基地科技创新工业中试试验室	产学研基地	500	90	50

表 4-8　功能材料系开放实验室汇总

序号	实验室名称	地　　点	开放时间	备　　注
1	环境性能实验室	材料学院××室	8：00～22：00	
2	功能材料性能表征实验室	材料学院××室	8：00～22：00	
3	材料制备实验室	材料学院××室	8：00～22：00	对本科生开放
4	环保材料实验室	材料学院××室	8：00～22：00	
5	电池测试实验室	材料学院××室	8：00～22：00	
6	环境与健康材料实验室	材料学院××室	8：00～22：00	

表 4-9　功能材料专业必修课中开设实验明细

序号	课程名称	课程学时	实验题目	实验学时	备注
1	材料物理性能	56	材料力学性能	2	
			材料热学性能	4	
			材料吸光度的测试	2	
			材料电导率的测试	2	
2	无机材料物理化学	56	典型晶体结构分析	2	
			固体表面接触角测量	4	
			功能陶瓷红外性能测试	2	
3	先进能源材料	4	锂离子扣式电池的组装与测试	4	
4	生态环境功能材料	4	培养基的制备	2	
			抗菌性能评价与测试	2	

专业课程实验作为理论联系实际的重要环节，对于功能材料专业大学生的工程意识及创新思维的培养、分析问题及解决问题和科研动手能力培养都是至关重要的。课程实验完成后还要根据实验目的、原理及实验步骤、实验数据分析等整理实验报告。实验报告是将课程理论与实际相结合的实践活动，为了让学生检验某一科学理论或假设，通过实验中的观察、分析、综合、判断等如实地把实验的全过程和实验结果用文字形式记录下来，在分析讨论中要求学生写出对本次试验的总结，加入自己的理解或对实验的改进意见等。以下是专业必修课"材料物理性能""无机材料物理化学""先进能源材料""生态环境功能材料"部分学生书写的典型的专业实验报告。

4.2.1 专业课"材料物理性能"课程典型实验报告

功能材料专业"材料物理性能"课程实验报告

学生姓名	×××	学　号		班　级	功能111
实验日期	2014.4.22	实验学时	2	实验成绩	100
实验名称	紫外分光光度法测定水中总酚的含量				

一、实验目的

1. 掌握紫外分光光度法测定酚的原理和方法。
2. 熟悉紫外分光光度计的基本操作方法。

二、方法原理

具有苯环结构的化合物在紫外光区均有较强的特征吸收峰，在苯环上的第一类取代基（致活基团）使其对紫外光的吸收更强，而苯酚在270nm处有特征吸收峰，其吸收程度与苯酚的含量成正比，因此可用紫外分光光度法，根据 Lambert－Beer 定律可直接测定水中总酚的含量。

三、实验步骤

1. 苯酚标准溶液的配制：准确称取苯酚0.0250g，加入250mL烧杯中，添加去离子水20mL，并使之溶解，移入100mL容量瓶，用去离子水稀释至刻度，摇匀。

2. 苯酚标准系列溶液的配制：取5支25mL比色管，分别加入1.00、2.00、3.00、4.00、5.00mL苯酚标准溶液，用去离子水稀释至刻度，摇匀待测。

3. 吸光度的测量及不同波长下吸光度曲线绘制：取上述标准系列溶液中任一溶液，放入石英比色皿中，以去离子水作为参比，在220～350nm波长范围内，每5nm测量一次吸光度，并记录其测定值，之后绘制曲线。

4. 标准曲线的绘制：在苯酚的最大吸收波长 λ_{max} 下，放入石英比色皿中，以去离子水作为参比，测量标准系列溶液的吸光度，并记录其测定值，之后绘制曲线。

5. 水样的紫外吸光度测定与苯酚标准系列溶液紫外吸光度的测量条件相同，测量后记录其测定值。根据标准系列溶液在 λ_{max} 波长紫外光下的吸光度推算出未知水样的苯酚浓度。

四、实验结果与分析

1. 表4-10记录的是不同波长下同一标准溶液的吸光度值，以吸光度为纵坐标，波长为横坐标绘制吸收曲线，找出 λ_{max}。

表 4 - 10　不同波长下同一标准溶液的吸光度值

λ/nm	250	255	260	265	270	275	280
吸光度/A	0.093	0.198	0.345	0.500	0.589	0.528	0.304

由图 4 - 4 可知 $\lambda_{max}=270nm$

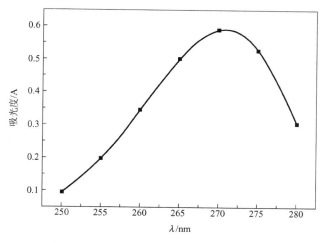

图 4 - 4　标准苯酚溶液不同波长下吸光度

2. 表 4 - 11 记录的是标准系列溶液与水样在 $\lambda_{max}=270nm$ 波长紫外光下的吸光度。以吸光度为纵坐标，标准系列溶液浓度为横坐标，绘制标准曲线；根据水样的吸光度查找出其相当的标准溶液的浓度，并算出水样中苯酚含量（g/mL）。

表 4 - 11　标准系列溶液与水样在 270nm 波长紫外光下的吸光度

浓度/(g/mL)	0.025	0.050	0.075	0.100	0.125	未知
吸光度/A	0.589	1.076	1.616	1.769	2.301	0.382

由图 4 - 5 推算未知水样的苯酚浓度为 $c=0.048g/mL$

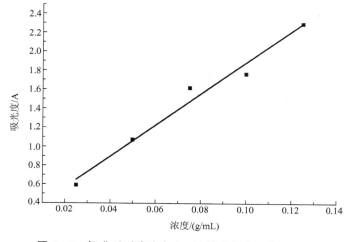

图 4 - 5　标准系列溶液在 λ_{max} 波长紫外光下的吸光度

五、思考题

简要说明紫外分光光度法与可见分光光度法测试方法和仪器主要部件的相同点与不同点。

答：紫外分光光度法与可见分光光度法测试方法和仪器主要部件的相同点与不同点见表 4－12。

表 4－12　紫外分光光度法与可见分光光度法测试方法和仪器主要部件相同点与不同点

测试方法名称		紫外分光光度法	可见分光光度法
相同点		两者均利用物质对光的吸收度不同而进行检测；检测仪器的基本构造也相同	
不同点	光源	氘灯	钨灯
	光学部件	石英	玻璃
	接收器	含紫外波灵敏响应功能	无紫外波灵敏响应功能
	光谱波长/nm	190～350	350～1100
	灵敏度	高	低

4.2.2　专业课"无机材料物理化学"课程典型实验报告

功能材料专业"无机材料物理化学"课程实验报告

学生姓名	×××	学　号		班　级	功能 121
实验日期	2015.4.13	实验学时	2	实验成绩	96
实验名称	固体表面接触角测量				

一、实验目的

1. 了解液相润湿固相时接触角与表面能的关系。

2. 了解接触角测量方法和测试仪器的使用。

二、实验原理

润湿是指液体在与固体接触时，沿固体表面扩展的现象，又称为液体润湿固体，通常用接触角来反映润湿的程度。在陶瓷与搪瓷的坯釉结合、机械的润滑、注水采油、油漆涂布、金属焊接、陶瓷与金属的封装等工艺和理论中都与润湿有密切关系。

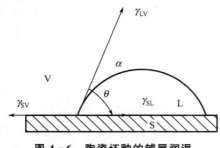

图 4－6　陶瓷坯釉的铺展润湿

润湿的热力学表明，固体与液体接触后，体系（固体＋液体）的自由焓降低，即为润湿。根据润湿程度不同可分为附着润湿、铺展润湿及浸渍润湿三种。本实验应掌握陶瓷坯釉的铺展润湿（见附图）。当液滴滴落在清洁平滑的固体表面上时，忽略液体重力和黏度影响时，则液滴在固体表面上的铺展是由固-气（SV）、固-液（SL）和液-气（LV）三个界面张力所决定的，其平衡关系如下：

$$\gamma_{SV} = \gamma_{SL} + \gamma_{LV}\cos\theta \tag{1}$$

$$F = \gamma_{LV}\cos\theta = \gamma_{SV} - \gamma_{SL} + \gamma_{LV} \tag{2}$$

式中，θ 为接触角（°），F 为润湿张力（mN/m）。

当 $\theta > 90°$ 时，因润湿张力小而不润湿；

当 $\theta < 90°$ 时，为润湿；

当 $\theta = 0°$ 时，润湿张力 F 最大，为完全润湿，即液体在固体表面上自由铺展。

从上述公式可以看出，润湿的先决条件是 $\gamma_{SV} > \gamma_{SL}$，或 γ_{SL} 十分微小。当固、液两相的化学性能或化学结合方式很接近时，是可以满足这一要求的。因此，硅酸盐熔体在氧化物固体表面一般会形成小的润湿角，甚至完全将固体润湿。而在金属熔体与氧化物之间，由于结构不同，界面能 γ_{SL} 很大，$\gamma_{SV} < \gamma_{SL}$，按公式计算即可得到 $\theta < 90°$。

此外，γ_{LV} 的作用是多方面的，在润湿系统中（$\gamma_{SV} > \gamma_{SL}$），$\gamma_{SL}$ 减小会使 θ 缩小，而在不润湿的系统中（$\gamma_{SV} < \gamma_{SL}$），$\gamma_{LV}$ 减小使 θ 增大。

本实验采用在陶瓷坯体（$\gamma_{SV} \approx 800\text{mN/m}$）表面，施以硅酸盐熔体的陶瓷釉（$\gamma_{SV} \approx 300\text{mN/m}$），在一定温度下测定 θ，计算润湿张力 F 和界面能 γ_{SL}，并分析陶瓷坯釉结合性能。

三、实验步骤

1. 试样准备：将陶瓷样片清洗干净，烘干。

2. 实验步骤：将烘干的陶瓷样片用接触角测试仪测出水和乙二醇在陶瓷样片上的接触角；

3. 根据测试得到的接触角 θ，计算陶瓷样片的表面能。

利用 Kaelble 公式，计算表面能，即

$$\gamma_s = \gamma_s^d + \gamma_s^p \tag{3}$$

$$\gamma_l(1+\cos\theta)/2 = (\gamma_s^d\gamma_l^d)^{\frac{1}{2}} + (\gamma_s^p\gamma_l^p)^{\frac{1}{2}} \tag{4}$$

式中：γ_s^d，γ_l^d 为固体、液体表面能的极性分量（mN/m）；γ_s^p、γ_l^p 为固体、液体表面能的色散分量（mN/m）；γ_l 为液体的表面张力（mN/m）；θ 为接触角（°）。

实验时，假设水表面张力 $\gamma_w = 72.8\text{mN/m}$，$\gamma_l^p = 50.7 \text{ mN/m}$，$\gamma_l^d = 22.1 \text{ mN/m}$；乙二醇表面张力 $\gamma_E = 48.3 \text{ mN/m}$，$\gamma_l^p = 19 \text{ mN/m}$，$\gamma_l^d = 29.3 \text{ mN/m}$。

四、实验结果

不同物质表面能见表。

表 4 - 13　不同物质表面能

物质名称	温度/℃	表面能/(mN/m)	物质名称	温度/℃	表面能/(mN/m)
水（液态）	25	72	硅酸钠（液态）	1000	250
铅（液态）	350	442	石英玻璃		300
铜（固态）	1080	1430	硅酸盐熔体		300
B_2O_3（液态）	900	80	$0.20Na_2O - 0.80SiO_2$	1350	380
Al_2O_3（固态）	1850	905	$0.13Na_2O - 0.13CaO - 0.74SiO_2$	1350	350

本次实验测试过程照片见图 4-7、测试结果见表 4-14。

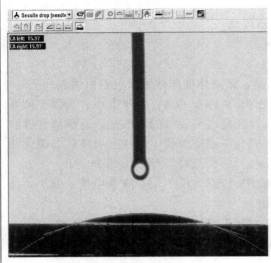

（a）水与陶瓷样片的接触角 θ_1

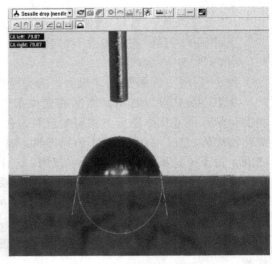

（b）乙二醇与陶瓷样片的接触角 θ_2

图 4-7　陶瓷样片的接触角测试过程照片

表 4-14　陶瓷样片的接触角测试结果

不同样片接触角	$\theta_1/°$	$\theta_2/°$	$\theta_{平均}/°$
水与陶瓷样片的接触角	15.9	22.1	19.0
乙二醇与陶瓷样片的接触角	79.8	75.5	77.7

五、实验结果与分析

根据测试结果可知：

1. 不同成分的陶瓷样片，水在其表面上的接触角不同。

2. 采用 OWRK 计算方法，计算出陶瓷样片表面能为 186.15mN/m，其中色散分量 $\gamma^d=24.01$mN/m，$\gamma^p=162.13$mN/m。

六、思考题

1. 影响润湿的因素有哪些。

答：影响润湿的因素是：表面化学组成（表面污染）、表面结构（高表面能）、表面粗糙程度。

2. 试验中滴加至固体表面上的液滴的平衡时间对接触角读数是否有影响？

答：有影响。随着液体和固体表面接触时间的延长，由于表面活性物质在各界面上吸附效果，接触角有逐渐变小趋于稳定值的趋势，因此在测试过程中需要保证每次开始测试的时间相同。

4.2.3　专业课"先进能源材料"课程典型实验报告

功能材料专业"先进能源材料"课程实验报告

学生姓名	×××	学　　号		班　　级	功能111
实验日期	2014.12.11	实验学时	4	实验成绩	95
实验名称		锂离子扣式电池的组装与测试			

一、实验目的

1. 了解锂离子扣式电池正极片的制作方法。

2. 了解锂离子扣式电池的结构及组装方法。

3. 学会使用 LAND 电池测试系统，并对电池性能进行测试。

二、方法原理

锂离子电池是 1990 年由日本索尼公司研制出并首次实现商品化的。国内外已商品化的锂离子电池正极是 $LiCoO_2$、负极是层状石墨，电池的电化学表达式为

$$(-)C_6 | 1mol/L\ LiPF_6 - EC + DEC | LiCoO_2(+)$$

锂离子电池反应为

正极反应：$LiCoO_2 \leftrightarrow Li_{1-x}CoO_2 + xLi^+ + xe^-$

负极反应：$6C + xLi^+ + xe^- \leftrightarrow Li_xC_6$

电池反应：$LiCoO_2 + 6C \leftrightarrow Li_{1-x}CoO_2 + Li_xC_6$

图 4-8 为锂离子电池工作原理图，图 4-9 为锂离子扣式电池的结构示意图。以 $LiCoO_2$

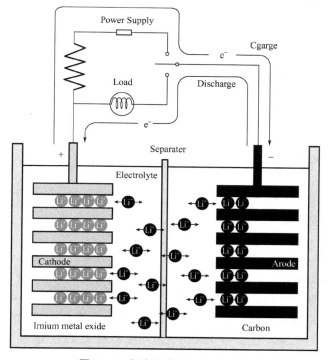

图 4-8　锂离子电池工作原理图

为例，充电时，锂离子从正极材料 $LiCoO_2$ 中脱出，在电化学势梯度的驱使下经由电解液向负极迁移，电荷平衡要求等量的电子在外电路从正极流向负极，到达负极后，得到电子的锂离子嵌入负极晶格中。放电过程则与之相反，即 Li^+ 离开负极晶格，嵌入正极重新形成 $LiCoO_2$。

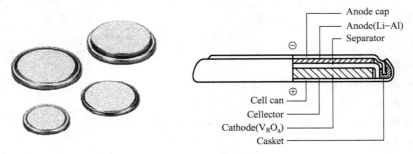

图 4-9　锂离子扣式电池结构示意图

三、实验步骤

1. 锂离子扣式电池正极片的制作

在 50mL 小烧杯中分别称取正极活性物质 $LiFePO_4$、导电剂乙炔黑（质量比 80：15），加入无水乙醇，超声分散 10min 后，称取一定量粘接剂 PTFE（与活性物质质量比为 5：80），用玻璃棒搅拌至酒精挥发成球，在压膜机上辊压成膜，在 110℃ 下干燥 0.5h，再按要求剪切成规定尺寸的正极片，称重。放入手套箱中 4h 后再组装电池。

2. 锂离子扣式电池的组装

锂离子电池装配时需无水环境，因此可在手套箱中进行操作。以锂片为负极，采用 Celgard 2400 为电池隔膜，1mol/L $LiPF_6$（EC：DMC＝1：1 体积比）为电解液，将制成的正极与隔膜和负极锂片依次放入电池正极壳中，滴入电解液，然后盖上负极壳，将此扣式电池放入自制的模具中，用扳手拧紧。

3. 锂离子扣式电池的性能测试

采用 Land CT2001A 电池测试系统在室温下以不同的充放电倍率，在 2.3～4.2V 电压范围内对合成的 $LiFePO_4$ 正极材料的充放电比容量、循环性能和容量保持率进行测试。具体充放电制度如下：

（1）静置 1min；

（2）恒电流充电至电压≥4.2V；

（3）恒压充电至电流≤0.05mA；

（4）静置 1min；

（5）恒电流放电至电压≤2.3V。

四、实验结果与分析

图 4-10 所示为 $LiFePO_4$ 材料在 0.2C 下的首次充放电曲线。可以看出，$LiFePO_4$ 样品具有较平稳和较长的充放电电压平台。0.2C 放电时的平台电压约为 3.37 V，充电时的平台电压约为 3.49 V，电压差为 0.12 V，说明材料的极化较小。充电比容量为 153.3mAh/g，放电比容量为 142.2 mAh/g，首次放电效率为 92%。图 4-11 为 $LiFePO_4$ 材

料在0.2C、1C和2C下的放电曲线。由图可知LiFePO$_4$在0.2C、1C和2C下的放电比容量分别为143.1、132.4和120.3 mAh/g。

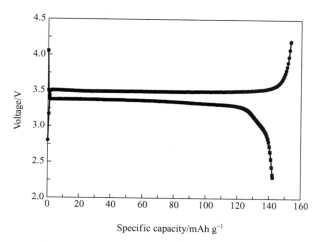

图4-10　LiFePO$_4$材料0.2C首次充放电曲线

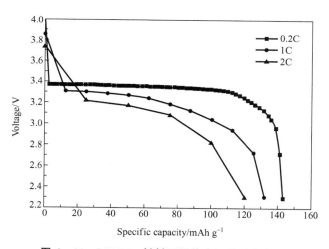

图4-11　LiFePO$_4$材料不同倍率下的放电曲线

图4-12为LiFePO$_4$材料在1C/1C下的循环曲线。可以看出，样品在刚开始的数个循环会出现放电比容量略微上升的趋势，但是随后的循环过程中，样品的放电比容量逐渐降低。本次实验采用的LiFePO$_4$材料，在100次循环后的放电比容量为135.8 mAh/g，容量保持率为98.63%，具有较好的循环性能。

五、思考题

1. 倍率曲线中，随着倍率的增大，放电比容量减小的原因？

倍率越大，电流密度越大。随着电流密度的增加，充放电之间的电压差逐渐变大，放电比容量逐渐减小。这是由于电流密度的增加，电极的极化增大，Li$^+$扩散变得困难，使得电池的放电比容量随之降低。

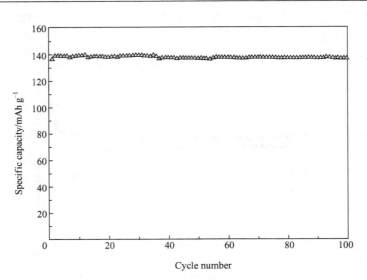

图4-12　LiFePO$_4$材料1C/1C下的循环曲线

2. LiFePO$_4$材料在测试循环性能过程中容量先增大后减小的原因是什么？

磷酸铁锂电池循环过程中，容量是先增加后衰减。容量的增加是由电解液润湿条件改善、电池材料被活化等因素造成的；而后续的衰减是因为负极锂片在充放电过程中会反复沉积金属锂形成锂枝晶所致。

4.2.4　专业课"生态环境功能材料"课程典型实验报告

功能材料专业"生态环境功能材料"课程实验报告

学生姓名	×××	学　号		班　级	功能131
实验日期	2016.06.12	实验学时	4	实验成绩	98
实验名称	材料与产品的抗菌性能评价与测试				

一、实验目的

1. 熟悉常规微生物生长发育繁殖规律；

2. 掌握环境微生物测试方法。

二、方法原理

抑制细菌增长和发育的性能称为抗菌性能，杀死细菌或接近无菌状态的性能称为杀菌性能。在材料中添加抗菌外加剂后使材料具有抗菌或杀菌功能，这样的材料称为抗菌材料。对无机抗菌剂及其抗菌制品的抗菌性能评价的主要目的，是研究微生物在建筑材料表面生长繁殖规律，从而达到抑制有害细菌的大量繁殖，改善人们生存环境的目的。常规抗菌实验用标准菌株为大肠杆菌、金黄色葡萄球菌、蜡叶芽枝霉、白色念珠菌等。

三、实验步骤

采用无菌操作，称取经高压蒸汽灭菌的抗菌剂2g，放入无菌的平皿内，再加入浓度为8000个/mL的大肠杆菌（ATCC25922）10mL，菌液稀释流程图如图4-13所示；同时设对照组，在对照组中只加8000个/mL细菌，共10mL；混合均匀后，将实验组和对照组在室温下放置预定时间；将样品和对照组分别充分混合均匀后，分别接种营养琼脂平皿各3个，每个平皿接种0.1mL，于30～35℃培养24h，观察细菌的生长情况，记录活菌数。

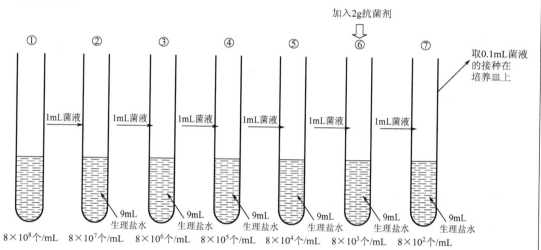

图4-13 菌液稀释流程图

四、实验结果与分析

原始菌落数为106个，试验组的菌落数如表4-15所示。

表4-15 不同组别菌落数（个）

编号	对照组	实验组加入抗菌剂20min	试验组加入抗菌剂2h
	3	3	8
1	2	1	8
2	1	0	6
3	1	2	8
4	1	1	7
5	2	1	5
平均值	2	1	11

试验后按下述公式计算杀抑菌率，即

$$杀抑率 = \frac{对照组活菌数 - 试验组活菌数}{对照组活菌数} \times 100\%$$

对照组活菌数：

$$106-2=104$$

加入抗菌剂 20min 后杀抑菌率：

$$杀抑率=\frac{104-1}{104}\times100\%=99.04\%$$

加入抗菌剂 2h 后杀抑菌率：

$$杀抑率=\frac{104-11}{104}\times100\%=89.42\%$$

经计算可知，加入抗菌剂在恒温恒湿箱培养 20min 后，抗菌剂杀抑率为 99.04%，该抗菌剂具有较高抗菌性，2h 后抗菌剂杀抑率为 89.42%，抗菌率下降原因为杂菌污染所致。

思考题

1. 如何评价抗菌材料的抗菌率？

答：抗菌材料的抗菌率可按下式计算的杀抑率来评价，即

$$杀抑率=\frac{对照组活菌数-试验组活菌数}{对照组活菌数}\times100\%$$

试验样片杀抑率>26%，即可认定该样片具有抗菌作用。

2. 无机抗菌材料的抗菌机理是什么？

答：（1）银系抗菌材料的抗菌机理。

① Ag^+ 通过接触反应造成微生物活性成分破坏或产生阻碍。

② 物质表面分布的 Ag^+ 起到催化活性中心的作用，Ag^+ 激活空气或水中的氧生成 $\cdot OH$ 及 $\cdot O^{2-}$，它们能破坏微生物的增殖能力。

（2）钛系抗菌材料的抗菌机理。

TiO_2 禁带宽度 3.2eV，在波长小于 400 nm 的光照下，价带电子被激发到导带，形成电子-空穴对。分布于材料表面的电子与空穴可以将吸附于 TiO_2 表面的 OH^-、H_2O、O_2 氧化还原生成活性物质 O^{2-}、H_2O^-、$\cdot OH$ 等，它们具有很强的氧化能力，可将有机物降解为 CO_2、H_2O 及其他小分子物质。

4.3　认识实习报告

认识实习是教学计划的重要部分，它是培养学生将所学的理论知识与实践相结合及解决实际问题的第二课堂，是学生在学习专业基础课和专业课之前初次接触专业和认知专业的实践活动。能源与生态环境功能材料为我校材料物理与化学国家重点学科特色方向之一，建有生态环境与信息特种功能材料省部共建教育部重点实验室，功能材料专业团队教师应用最新科研成果已经在山东、天津、河北等地建成一批高水平产学研基地和实践基地。如在淄博国家级开发区所属淄博博纳科技发展有限公司、淄博高新技术产业开发区管理委员会已经合作建立的产学研基地基础上，又在高新区先进陶瓷创新园内新增创新试验

和大学生实习场地。此外，还与大都克电接触科技（中国）有限公司、天津威立雅水务有限公司、国家纳米产品质量监督检验中心、天津市赛龙工贸有限公司、河北出入境检验检疫局京唐港办事处等签署了产学研协议，建立了科技合作关系，为学生提供校外实践基地，满足实习教学需要。学生与教师一起在高水平产学研基地进行的实习活动，不仅受到企业家创业、创新精神熏陶和教育，加快大学生以创业代替就业的思想转变，而且还在认识实习过程中，培养勇于探索的创新精神及提高动手能力。在实习中学生深入实际，认真观察，获取生态环境材料和新型能源材料的直接经验知识，参观各种材料制备的工艺流程，学习工人师傅和工程技术人员的勤劳刻苦的优秀品质和敬业奉献的良好作风，开拓视野，锻炼学生在生产实际中研究、观察、分析、解决问题的能力，建立对功能材料专业感性认识，是了解本专业的学习实践环节，达到对所学专业的性质、内容及其在工程技术领域中的地位的认识目的。为了解和巩固专业思想创造条件，在实践中了解专业、熟悉专业、热爱专业，为进一步学习技术基础和专业课程奠定基础。学生在实习结束后，须书写认识实习报告，现择选二篇功能材料专业 2012～2013 级认识实习典型报告做展示，以期与其他专业学生做交流。

4.3.1　典型认识实习报告一

认识实习报告

学校：河北工业大学

班级：功能材料 131 班

姓名：×××

学号：

时间：2015 年 7 月

前　　言

　　"工学并举"是我校的办学特色,认知实习就是"工学并举"特色发展之路细化到教学中的生动体现。一方面可以对所学专业的性质、内容及其在工程技术领域中的地位有一定的认识与了解;另一方面经过产学研的合作将所学专业知识与实践相结合,加深对理论的理解,更为进一步学习专业课奠定基础。

　　本次认知实习为期两周,分为专题报告、参观企业和专业实验室两部分。专题报告主要由功能材料系教授讲授有关专业领域研究现状及未来发展趋势,参观工厂和专业实验室分别由企业有关负责人员和实验室教师带领我们参观学习。

　　接下来我们聆听的报告有"我们的创业故事""科学探索与科学精神""天然矿物电气石""新能源电池研究现状与未来发展趋势""功能材料专业与就业方向"等专题报告。

专 题 报 告

专题报告一：我们的创业故事（主讲人：功能材料 111 班 ×××等 3 同学）

　　最先为我们做专题报告的是三位 11 级的学长，他们讲述了如何彼此合作、共同创业，最终在电子商务领域获得成功的故事。我为学长的创业成功而感到高兴，但也深知期间创业过程中难以描述的辛苦与劳累。他们发挥自身特点，体现自身价值，在时代洪流中找到自己的位置，创业和生活一样，除了基本的生存技巧外，更需要真诚、自信、奉献和勇于拼搏。此外，更重要的是依靠团队齐心协力，凝聚集体智慧，形成强大的力量，这对我今后的学习是一种鼓励和鞭策。

专题报告二：科学探索与科学精神 （主讲教师：×××教授）

这个关于"科学探索与科学精神"的报告让我认识到了科学探究的意义和应该秉持的科学精神。材料是人类赖以生存和发展的物质基础，是构成社会文明和国民经济的支柱，对于整个工业体系进步具有巨大的推动作用，作为未来从事材料行业研究者的我们更应该努力学好专业理论和专业知识，创造更为广阔的天地。

专题报告三：天然矿物电气石（主讲教师：×××教授）

在"天然矿物电气石"的报告中，我清楚了电气石（图1）是一种天然矿物，它具有自发极化、释放远红外线等性能，可在饮用水活化、燃油活化、工业节能等领域中起到重要作用，功能材料系教师在电气石特性及实际应用中做了大量的探索和研究工作，而且研究成果丰硕，如研发了多种具有活化水、活化燃油、活化燃气的节能减排装置及性能评价装置，发表了《电气石矿物材料的活化水作用及其生物学效应研究》等多篇高水平学术论文。听这次报告最大的收获就是对电气石产生了浓厚的兴趣，石头虽小，功效巨大，明白了原来利用天然矿物还可以制备出多种功能各异的新材料，因此更加迫切地想学习专业知识，为今后研发新材料打好基础。

图1　天然矿物电气石

专题报告四：新能源电池研究现状与未来发展趋势（主讲教师：×××教授）

听了专题报告"新能源电池研究现状与未来发展趋势"，了解了中国新能源电池（图2）的发展已经进入快车道，各种新型电池如雨后春笋般崛起，锂电池作为理想能源材料其发展前景更是难以估量，但电池研究和新产品研发也遇到难以逾越的瓶颈问题，如续航能力、电池质能比、安全性等都没有较好的解决方法，此外在电池材料的制备工艺上还有一些问题诚待解决。将来若能从事新能源电池研究，既是一个契机，同样也是一个重大挑战。面对如此好的机遇，我想我们不应该错失，有朝一日，有幸接触电池研究必将献出自己的微薄之力。

图2　新能源电池

专题报告五：功能材料专业与就业方向（主讲教师：×××教授）

　　"功能材料专业与就业方向"专题报告主要对功能材料专业做了详细的介绍与分析。世界各国有关功能材料的研究极为活跃，发达国家企图通过知识产权的形式在功能材料领域形成技术垄断，并试图占领中国广阔的市场，我国在新型稀土永磁材料、生态环境材料、催化材料与技术等领域加强了专利保护。但是，我国功能材料在系统集成方面也存在不足，有待改进和发展。功能材料专业在国家新兴产业结构调整下应运而生，有政策支持，就业前景不错。毕业生可以从事与信息技术、生物工程技术等相关的新材料开发与应用相关的职业，也可在高校、事业部门从事教学、科研工作。

　　之后我们来到大都克电接触科技（中国）有限公司、天津威立雅水务有限公司、国家纳米产品质量监督检验中心、河北工业大学功能材料专业实验室、天津市赛龙工贸有限公司等单位参观学习。期间看到了材料制品的工业化生产过程，接触了电接触材料、钢化玻璃、塑料加工制品等工业产品。

参观企业一：大都克电接触科技（中国）有限公司

　　大都克电接触科技（中国）有限公司（图3）的产品电触头（图4）是材料行业的代表产品之一，需应用金属的诸多性能，同时还要应用材料加工的许多工艺来制作。虽然对很多工艺不是十分的了解甚至陌生，但通过参观和讲解使我对实际工业生产有了一定的了解和认识，而且印象最为深刻的是电接头的材料并非为纯银制造，在工业生产中为了节省贵金属银的使用，追求经济价值，所以实际做成的产品为接触面是银材质，固定端为铜。但是由于技术要求较高，这在以前的加工技术中是达不到的，正是由于新技术的出现解决了这样的技术难题，推动了工业制造的发展，创造了巨大的经济价值。

图3　大都克电接触科技（中国）有限公司

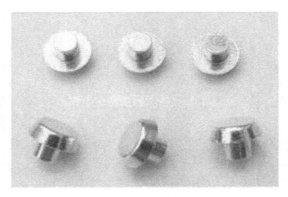

图4　电触头

参观企业二：天津威立雅水务有限公司

　　天津威立雅水务有限公司是主要从事垃圾发电、城市污水处理等的企业。该企业在城市污水处理中主要采用物理处理方法和化学处理方法。即利用各种孔径大小不同的滤材，利用吸附或阻隔方式，将水中的杂质排除在外，进而获得较为干净的水。其中核心技术难点就是膜的应用，这个企业应用的是中空的纤维膜技术，而纤维膜技术的关键又关系到材料的相关技术，这就要求我们应该清楚如何针对材料的特质属性而采用不同的材料加工方法，又如何利用材料的相关特性和功能去服务社会，解决各种诸如环境、能源问题。我们应学好相关专业知识，转化为科技力量，应用于社会生产实践。图5为水处理车间照片。

图5　水处理车间

参观企业三：天津市赛龙工贸有限公司

参观天津市赛龙工贸有限公司印象最深，当走进钢化车间时，一股热浪迎面扑来，老师告诉我们熔炼炉的温度高达700℃，即使站在风扇外面也感受到热浪袭人，很难想象工人师傅们能够每天忍受热浪工作，条件十分艰苦。在另一个车间，刚一进去就闻到了一股刺鼻的化学物质的气味，同学们都纷纷捂着鼻子，盼望着尽快离开，但我惊异地发现工人师傅们不但没有任何不适，而且连口罩都没戴。这更促使我要努力学好科学文化知识，将来发明更加先进的生产流程或设备，来改善这类生产车间的工作环境。图6为公司产品之一——塑料模具。

图6　塑料模具

参观专业实验室：河北工业大学功能材料专业实验室和国家纳米产品质量监督检验中心

我校功能材料专业实验室测试仪器和设备（图7）种类较多，大学期间的所有试验和材料性能表征都可在实验室完成，尽管这样，还是不能与国家级重点实验室（图8）平台——国家纳米产品质量监督检验中心的设备相比，在该中心的参观学习后，我对红外光谱仪、X射线多晶衍射仪等中常用的设备仪器有了了解，知道了要做好科研工作，强有力的设备技术支持是最大的后勤保障。

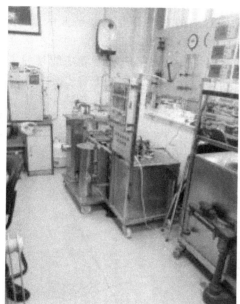

图7　河北工业大学功能材料专业实验室仪器设备

图8　国家纳米产品质量监督检验中心实验室

实习体会

　　短短两周的认知实习结束了，这种形式的参观实习非常有意思，很感兴趣，因为这样比坐在课堂里听讲和学习来得更为实际和直观。通过参观企业并结合专题讲座，让我全面系统地了解了在工厂进行材料加工时所使用的生产设备和模具、生产工艺等，还有遇到产品缺陷等技术问题时应如何合理解决等，对材料生产的各个环节和主要设备都有了一定认识，学到了很多从书本上无法学到的知识。在参观过程中，我有不明白的时候就会向那里的员工提问，他们都非常热情地为我进行解答，由于他们的耐心讲解，我对材料科学又有了更新、更深的认识，收获很大。

　　此外，我对专业的认识更加深刻了，作为基础行业的材料专业是制造业的基础命脉，而新型的功能材料则是材料的技术制高点，我们功能材料专业承担着这样的重担，在前人研究发现的基础上继往开来，开拓创新。我们的研究主要方向是能源环境功能材料，这也是新形势下材料行业的一个新热点领域。功能材料在国外发展迅速，新工艺层出不穷。

　　最后，我希望如果以后有这样的参观实习，在条件允许的情况下，能够让各个企业单位多派出几名员工给我们进行更为细致讲解。同时，感谢带队老师对我们的照顾，您们辛苦了！

4.3.2　典型认识实习报告二

认 识 实 习 报 告

学校：河北工业大学
班级：功能材料 121 班
姓名：×××
学号：
时间：2014 年 7 月

前　　言

　　作为一名即将进入大三年级学习的学生，就要开始学习专业课了，可是有些同学对于自己专业的领域前景以及应用范围还不是十分清楚。为此，专业老师带领我们进行了这次认知实习活动，让我们从实践、观察中对自己即将从事的专业获得感性认识。实践是大学生活的第二课堂，更是大学生锻炼成长的有效途径。一个人的知识和能力只有在实践中才能发挥作用，才能得到丰富、完善和发展。大学生成长，就要勤于实践，将所学的理论知识与实践相结合，在实践中继续学习，不断总结，逐步完善，有所创新，并在实践中提高自己由知识、能力、智慧等因素融合成的综合素质和能力，为今后专业课的学习打下坚实的基础。

1 实习动员

专业老师首先给我们介绍了将要进行参观学习的实习工厂和公司的概况以及实习安排、实习要求，同时还阐述了实习对于学习的重要意义，并要求同学们一定要参加此次的认识实习。之后老师又给我们做了关于"当前国际形势与大学生怎么学习以及如何学"的专题讲座。经过这堂实习动员及讲座我感受到了肩上的责任重大，明白了核心技术的重要性，我国要想真正成为科技强国，核心技术才是第一竞争力！

2 专题讲座

天然矿物电气石

在读大一的时候，功能材料系为我们开设了"功能材料前沿讲座"课程，通过专业教师的课题讲座，我们了解和认识了天然矿物电气石，这是一种神奇的矿物，集诸多优异性能于一身，如具有自发极化效应、热释电及压电效应、释放远红外线和负离子等，这种充满魅力的天然矿物可广泛应用在人体保健、工业节能、水处理等领域中，是一种极具应用前景的新型材料。这次老师又介绍了高性能电气石纳米微粉的制备方法和工艺，制备得到的电气石纳米微粉在功能陶瓷、饮用水活化、畜禽健康养殖、促进燃料燃烧等方面发挥着作用，系教师在学术带头人的带领下，关于天然矿物电气石性能及应用研究中，取得了多项科研成果。

新能源电池研究现状与未来发展趋势

我国电池行业起步较晚，新型的锂电池也是 20 世纪 90 年代才开始产业化，但是发展速度很快，2001 年以后，我国深圳比亚迪、邦凯电池等锂电池企业迅速崛起，地处天津的电池企业如天津力神电池股份有限公司、华太电池（天津）有限公司也是近些年发展迅速的企业。此外又介绍了扣式电池的性能及制作方法，老师不仅仅讲述有关电池的专业知识，还对每一种原材料的价格、产地等内容做了讲解。听了这次报告，使我认识到工学就是要致力于工业，仅学会理论是没有用的，要研究一行干一行。专业老师在电池领域的造诣令人折服，我也下定决心努力学好专业知识，做一个像老师那样的能够服务社会的专业科技工作者，为国家做贡献。

如何进行科研试验和撰写实验报告

今天的讲座是在总结大一、大二的学习和生活中开始的，回顾了我们已学过的普通化学、有机化学、大学物理以及各类基础课程，之后老师介绍了马上要开设的专业基础课及专业课。其中重点讲述了在进行专业理论和专业知识的学习过程中应如何进行科研试验及撰写实验报告，还特别强调实验报告的撰写要用词准确，实验数据分析来不得半点的虚假和不认真，此外，报告的格式、实验名称、实验目的、实验原理等部分缺一不可。

如何树立严谨的科学求实态度，遇到问题要积极想办法解决，不能敷衍了事，作为一位即将成为从事新材料开发和研究的材料人应该具备的特质，老师的淳淳教诲，我们深深铭记在心。只有勤奋学习，认真对待每一次实验，学好每一门专业课，报答学校的培养和父母的养育之恩。

3 参观公司

大都克电接触科技（中国）有限公司

成立时间：大都克电接触科技（中国）有限公司（以下简称大都克公司）于1999年成立，2000年正式投入生产。

销售方式：国内外销售。

公司规模：已成为全球电气、电子和汽车工业领域的主要合作伙伴，在国际市场上享有世界公认的领导地位。在美国、墨西哥、德国、西班牙、中国等多国都有生产工厂。

产品：从不同种类原材料的金属粉末，到种类多样的金属合金触头材料和触头元件，直至金属材料下脚料的回收、提纯，拥有全过程的一体化生产能力。

参观生产车间：在实习带队老师们的

图1 大都克电接触科技（中国）有限公司

带领下，我们来到了大都克公司，心情非常激动，因为这是有生以来第一次进入这种国际规模的大公司参观学习。首先由公司技术负责人给我们师生介绍了大都克公司的发展现状以及主要的产业链，讲解之后便安排去生产车间参观。先后来到原料车间、回收车间，以及金属触头和各种元件的生产车间，参观过程中给我们讲解了生产的流水线和铆接工艺。该公司有严格的安检机制，进入车间严禁带书包等物品。图2是公司生产的高压电触头实物照片。

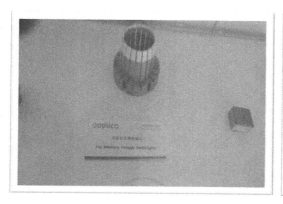

图2 公司生产的高压电触头实物照片

天津威立雅水务有限公司

成立时间： 1999 年 12 月 6 日
主要工艺： SBR DAT – IAT

    天津威立雅水务有限公司是天津市规模较大的污水处理公司。公司主管针对每个车间及每个车间的各工艺环节的作用原理为大家做了全面讲解，采用的水处理技术主要是双膜法，即 CMF 和 RO 膜过滤净水技术。经过一次 CMF 膜（图 3）处理的水，大多用于生态池等景观用水；经过二次 RO 膜过滤后其净化效果更优。经过 RO 膜一次处理的水就可达到高于国家饮用水的标准，但毕竟是对生活污水处理后得到的水，所以其主要还是作为工业生产用水；经两次 RO 膜处理的水则可做用于工业的高纯水，其净化效果不言而喻。

图 3　CMF 膜进水管

国家纳米产品质量监督检验中心

图 4 国家纳米产品质量监督检验中心

成立时间： 2006 年 6 月 23 日
合作联盟： 与美国、加拿大、澳大利亚、俄罗斯、日本、芬兰等国合作研发。

结束了新能源电池研究现状与未来发展趋势的参观后，我们又乘坐大巴赶往国家纳米产品质量监督检验中心（简称纳米中心）。来到纳米中心，第一感觉是仪器设备真多，然后是检测室内非常干净。这是因为检测环境高要求，所以这里一尘不染。之后看着刚刚分发的纳米中心简介和宣传册，听着工作人员介绍的不同检测方法，观看着诸多检测仪器和设备，例如 x 射线能谱仪、电子背散射衍射分析系统、超声波切割器等平日里只能在课本上见到的高科技仪器，在这里都一一听工作人员做了详细的讲解，真是开眼界。尽管当时天气比较热、楼道比较窄，但这都不能阻挡同学们了解前沿科技的热情。隔着实验室的玻璃，我们看到了里面辛勤工作的科技工作者，他们兢兢业业，一丝不苟。想想自己对待学习和工作的态度，实在是惭愧。

河北工业大学功能材料专业实验室

我们在老师的带领下走进了功能材料专业实验室，这些实验室包括环境性能实验室、功能材料性能表征实验室、材料制备实验室、环保材料实验室、电池测试实验室、环境与健康材料实验室等，这些实验室内有很多的测试仪器和实验设备。为我们做介绍的是各实验室内老师和研究生们，主要讲解了一些实验室仪器的测试方法、测试原理和专业知识等。在看到电池制造及检测装置和仪器时，很感兴趣，仔细地听讲解，并认真做记录，不懂不会的知识点将来学专业课时要好好弄清楚；来到材料制备实验室时，简单知道了陶瓷是如何制备出来的，还有功能陶瓷的功能有易洁功能和抗菌功能，这些专业知识虽然现在我们还不是十分清楚，但已经暗暗下决心学好专业，立志做新材料的研发科技工作者。图 5 是功能材料专业实验室内的模拟锅炉水垢评价装置。

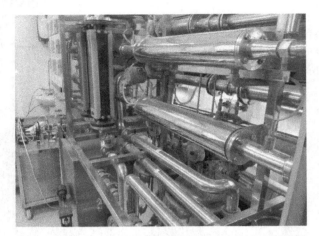

图 5　功能材料专业实验室内的模拟锅炉水垢评价装置

天津市赛龙工贸有限公司

此次实习老师为了让我们尽可能多地了解专业、开阔眼界，还带我们去参观了天津宝龙塑料制品有限公司。该公司主要加工各种塑料模具和钢化玻璃。

该公司的钢化玻璃为水平钢化法得到，其生产流水线如图 6 所示。主要工艺过程有高温热处理、淬冷（风冷），这一钢化过程主要是通过在玻璃表面形成压应力，使玻璃的力学性能得到显著增强。公司的自动化车间工作效率非常高，一些简单的设计也很巧妙，比如能自动约束玻璃出口方向的挡板，这样小小细节就能省下好多人力。但工作环境不是很好，厂里的通风也有问题，由于对环境温度要求比较严格，所以厂房不能有通风窗。带着这些问题回去好好思考思考，看看是否能够解决。

图 6　水平钢化流水线

4 实习感想

虽然选择了功能材料专业，但针对今后就业形势的严峻性以及工作性质还是很模糊的，不知道自己以后能干什么？通过这次认识实习，让我了解了很多我们专业可以从事的行业，看到了未来的就业前景还是广阔的。因此使我更增加了学好专业的信心，会更加注重如何将所学专业知识运用到实践中。

4.4 生产实习报告

功能材料专业生产实习是学习专业必修课后的专业实习，是一项重要的实践性教学环节。其目的是拓宽学生视野，增强对所学知识的感性认识和专业意识，巩固和加深理解所学专业课程内容，为继续学习专业课程打好坚实基础。通过在高水平的产学研实习基地进行有针对性的参观、学习，可以提升对功能材料专业基本理论和专业知识的更深层次的认识和理解，增加学习兴趣和增强专业自豪感，为日后从事专业相关工作打下良好的基础。同时，实习对学生了解社会、接触生产实际、加强劳动观念、培养动手能力和理论与实践相结合的能力等方面亦具有重要的意义。

为学生提供校外生产实习的企业有：国家纳米技术与工程研究院、山东无棣珍贝瓷业有限公司、山东维动新能源股份有限公司、淄博佳汇建陶有限公司、淄博博纳科技发展有限公司、天津力神电池股份有限公司等。学生实习结束后，须提交生产实习报告，以下是功能材料专业 2012—2013 级两位同学的实习报告。

4.4.1　典型生产实习报告一

生产实习报告

学校：河北工业大学
班级：功能材料 121 班
姓名：×××
学号：
时间：2015 年 10 月

实 习 目 的

经过大学三年半的学习，我们对功能材料专业有了更深刻的认识，通过学习专业基础课和部分专业课对专业知识也有了进一步的了解，并掌握了相关的专业理论。为了更好地将课堂所学的书本理论知识与具体工作中的实践相结合，进一步理解和巩固所学的专业知识，培养在实际工作过程中发现问题、分析问题和解决问题的能力，在大四学年的上学期，学校组织了这次为期 3 周的生产实习。

这次生产实习，在老师带领下，我们分别参观了国家纳米技术与工程研究院、山东无棣珍贝瓷业有限公司、山东维动新能源股份有限公司、淄博佳汇建陶有限公司、山东淄博市陶瓷博物馆、淄博博纳科技发展有限公司、天津力神电池股份有限公司等企业，深入生产第一线进行观察和学习，让我们更全面直接的了解生产过程，了解实际生产知识，巩固加深和深刻理解已经学过的理论知识，为后续的学习奠定基础。

参 观 企 业

1 国家纳米技术与工程研究院

国家纳米技术与工程研究院（简称"国家纳米院"）是在党中央、国务院领导的直接关怀下，在国家科技部、财政部、中科院、发改委、税务总局、基金委、清华大学、北京大学、中国军事医学科学院、南开大学、天津大学、国家行政学院、天津市委市政府、天津滨海新区和天津经济技术开发区的大力支持下，由中央机构编制委员会批准成立的。它配置了国际最先进的仪器，建成了功能强大的公共研发平台和检测平台，形成近200人的研发队伍，主要开展纳米技术在电子信息、生物医药、精细化工、能源、水源、环保、微机械、光电子等领域的新产品研发和应用。

国家纳米院下属的国家纳米产品质量监督检测中心是专门从事纳米材料与技术及相关产品的质量检测的第三方检验机构，是国内首家且唯一的一家国家纳米产品质检中心。我们这次主要参观了国家纳米院的检测仪器。一进检测楼，首先看到的就是样品室，根据测试方提供的样品确定应该测试的项目参数和相应的仪器，然后来到样品预处理室（图1），它主要是对样品进行测定前的化学处理，使样品符合测试要求。

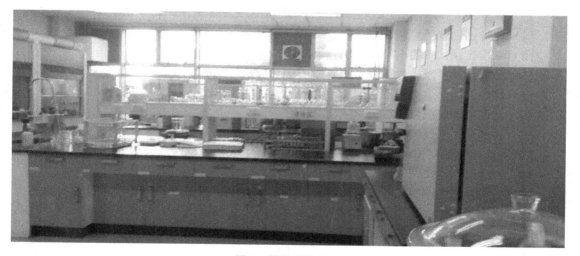

图1 样品预处理室

在这里我们看到了"场发射扫描电子显微镜、透射电子显微镜、X射线多晶衍射仪、Zeta电位测试仪、紫外-可见光分光光度仪、微区拉曼光谱仪、扫描探针显微镜"等先进仪器和设备。这些仪器可检测纳米材料、无机材料、有机材料的溶液性质和化合物性质。图2是场发射能量过滤透射电子显微镜的简介照片。

以测定纳米二氧化钛的相关性质为例，其检测内容、测试方法和测试仪器如下。

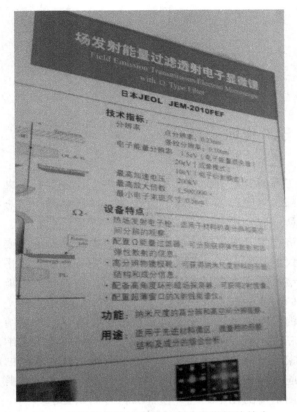

图 2 场发射能量过滤透射电子显微镜的简介

（1）含量：化学滴定法。

（2）平均粒径：透射电镜法及图像分析，X 射线衍射法。

（3）团聚指数：激光散射仪，X 射线衍射仪。

（4）水分测定：烘干恒重法。

（5）堆密度测定：堆积密度仪。

（6）白度测定：白度仪或测色仪。

（7）铅、锰、铜、镉、汞、砷含量测定：原子吸收法、原子吸收分光光度法。

（8）比表面积：BET 法。

通过参观国家纳米院和听老师的讲解，我不仅亲眼看到了很多以前没有听过也没有见过的仪器，而且还了解了仪器的测试方法和测定条件，明白了不同的参数应该分别用什么仪器来测定，不同的条件和情况下应该选用什么仪器来测量。除此之外，我还对课上学过的一些仪器有了一些新的认识，例如之前上课时老师介绍的 X 射线衍射仪，除了可以具有测定晶体结构、确定成分的作用外，还可对石油工程上的石油垢进行测定。

2 山东珍贝瓷业有限公司

山东珍贝瓷业有限公司（简称珍贝瓷业）（图3）是专业开发生产高档日用贝壳瓷的企业，隶属山东省高新技术企业，是国家旅游饭店业协会成员、清华大学社会实践基地、国家火炬计划项目承担单位。公司地处山东省北部沿海无棣县，位居京、津、沪交通之咽喉，北临天津港，东靠青岛港。其产品贝壳瓷曾荣获2000年度国家技术发明二等奖、德国国际发明展览会金奖。

图3　山东珍贝瓷业有限公司

由于地理位置和气候的优势，无棣县的贝壳储量巨大，为无棣贝瓷的生产提供了原料来源。该公司的产品就是在陶瓷原料中加入了贝壳，然后经过一定的工艺流程制成高钙瓷，也就是贝瓷。该公司的产品主要是高级酒店用瓷、中西餐具、茶咖具、工艺美术瓷等。

这些产品的工艺流程如下。

（1）配料。

经过拣选、破碎、粉磨、陈腐等过程制成坯泥。研磨过程采用大型球磨机（图4）、湿法磨，以减少粉尘。

图4　配料车间的大型球磨机

（2）成型。

对于形状规则的（如盘子、碗等）主要选用挤压（图5）或滚压成型，使用的模具分为阳模和阴模。对于形状不规则或者不便于挤压成型的采用注浆成型，模具一般采用石膏模具（图6），注浆成型后还需要磨皮，分为干磨皮和湿磨皮，干磨皮质量好，而湿磨皮速度快效率高，磨皮的工序主要通过人工完成。

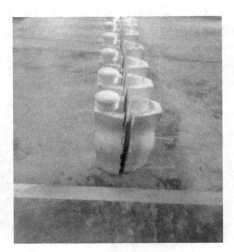

图5　工人师傅在挤压成型机前工作　　　　　　　图6　石膏模具

（3）素烧。

高温素烧使用的是隧道窑，目的是增加坯的机械强度。

（4）施釉。

对于壶类用浸釉，对于盘子和碗这类则使用喷釉或者涂釉（图7）。

图7　喷釉车间

（5）釉烧。

施釉后，对产品进行烧成，釉烧工序使用的热工设备是隧道窑（图8）。

（6）上彩。

产品的色彩主要分为釉上彩、釉中彩和釉下彩。釉下彩是在施釉之前上彩，然后在进

图8 隧道窑

行施釉烧成。釉上彩和釉中彩都是在施釉后在釉面上彩，釉上彩和釉中彩的区别是上彩后烧的温度不同，釉中彩烧成温度较釉上彩高，这样就使得颜料浸入釉下，降低了人们在使用过程中彩上的重金属进入人体内的风险，所以，釉中彩和釉下彩较釉上彩更安全。图案较规则的色彩是贴上去的（图9），而不规则的色彩如图画则是人工绘画的，有些瓷器边缘上有金色或者银色的金属边是人工用毛笔一笔一笔画上去的，这就需要上彩师傅应具有熟练的绘画技巧了。

图9 工人师傅们在做手工上彩

这些贝瓷产品属高钙瓷，质地细腻，壁薄轻柔，釉面滋润，玲珑剔透，白度和透明度高，热稳定性好，机械强度高，质量轻。釉料中含有珍珠成分，铅含量低，镉含量几乎为零。

通过参观珍贝瓷业，与工程技术人员交流，我更加深刻地熟悉了陶瓷的生产流程，把书本上学过的知识和实际的情况一一做了对应，并且实际看到生产中使用的设备，也学到了很多课本上没有的知识，完善了自己的知识系统。

3 山东维动新能源股份有限公司

山东维动新能源股份有限公司（图10）是国内一家大型专业从事锂离子电池、锂电电动车研发、生产、销售于一体的高新技术企业。公司坐落于山东省邹平县经济开发区，公司拥有国内先进的锂离子电池生产线，可实现年产锂离子电池1.2亿安时。公司专注锂离子电池模组整体组装，可根据客户要求，组合成不同电压、容量、倍率的电池组。目前公司拥有数十项国家发明及实用新型专利，公司高度注重质量管理体系的建设，产品先后通过了ISO9001、CE、UL、RHOS等认证。

图10　山东维动新能源股份有限公司

公司生产的锂离子电池广泛应用于电动自行车、电动摩托车、电动汽车及储备电源等产品领域。公司主营产品锂离子动力电池具有高能量、大电流放电、循环寿命长、安全性能好、可快速充电、绿色环保等特点。生产的低速电动汽车具有能耗低、操作简单、维护方便、绿色无污染等优点，百公里耗电成本不足8元钱，将成为市内交通和城镇交通的理想工具。图11是锂离子电池生产车间。

图11　锂离子电池生产车间

4 淄博佳汇建陶有限公司

淄博佳汇建陶有限公司座落于"江北建陶第一镇"——山东省淄博市淄川区杨寨镇，是近年来冉冉升起的一颗建筑陶瓷生产业的新星。公司拥有两条意大利现代化生产线，专业生产"万友""世钰""佳汇"牌哑光、水晶内墙、地面装饰用系列产品，公司的主要产品是建筑陶瓷如墙砖、地砖等，年产量 600 万 m²，年产值近亿元。这是一家专业从事建材产品研发、生产、销售为一体的高科技生产贸易型企业。

墙砖、地砖的生产过程如下。

（1）产煤气。

这个环节是用煤气发生炉（图 12）将煤炭制成煤气。将符合气化工艺指标的煤炭筛选后，由加煤机加入煤气炉内，从炉底鼓入自产蒸汽与空气混合气体作为气化剂。煤炭在炉内经物理、化学反应，生成可燃性气体，再进行干化脱硫，使硫含量降低，保护环境。

图 12　煤气发生炉

（2）配料。

将原料用球磨机（图 13）进行湿磨，然后再进行除湿、陈腐、干燥，干燥时用喷雾干燥塔（图 14），再进行除尘。

（3）成型。

因为公司的产品是瓷砖，所以采用成型机将配好的原料压成特定规格形状的制品。

（4）烘干、烧制。

将压好的坯砖进行干燥、素烧。

（5）施釉。

在素坯表面淋釉，再用喷墨印花机印花，之后在上面施一层镜面釉。

图 13　生产瓷砖用球磨机

图 14　喷雾干燥塔

（6）烧成。

在窑（图 15）中依规定的温度烧制。

（7）后处理。

对烧成的瓷砖进行抛光、磨边、干燥。

经上述工艺制造的瓷砖印花独特，精美高端，表面凹凸感很强，色彩真实柔和。还有特制的防滑地砖，既能像瓷砖一样容易清洁，滴上水后又不易使人滑倒。图 16 是该公司生产的墙砖地砖装修效果图。

经过该企业负责人的详细介绍，我对建筑陶瓷的生产有了一定了解，学到了更多的生产方法，巩固了陶瓷生产的流程，看到了不一样的生产设备，让我对课本上的知识有了新的理解，也体会到了企业的进步要靠技术进步和对客户及社会的责任心。在能源的使用上，他们没有直接使用煤提供生产能源，而是将煤变成煤气后再做生产用能源，这样不但提高了煤的使用效率，还节约了能源，使用脱硫的煤气还减少了二氧化硫的排放，保护了环境。

图 15　烧砖窑

图 16　公司生产的墙砖地砖装修效果图

5 山东淄博陶瓷博物馆

山东淄博陶瓷博物馆（图17）是我国目前规模最大、档次最高的陶瓷艺术博物馆。该博物馆总占地面积 4000m²，共分序厅、综合厅、古代厅、现代厅、刻瓷艺术展示厅等 5 个专项展区，汇集了江西景德镇、江苏宜兴、河南泸窑、钧窑等著名瓷窑的历代珍品 4000 余件，其中国宝级藏品 2000 余件，为系统研究我国历代陶瓷工艺技术的发展提供了丰富的实物依据。

图17 淄博陶瓷当代国窑产品展区

陶瓷是中华文化的象征。中国陶瓷以其独特的魅力远销海内外，成为世界文化艺术宝库中一颗璀璨的明珠。淄博是齐文化的发祥地，是中国陶瓷五大产区之一，陶瓷生产历史悠久，在国内具有重要的地位。据史料记载和考古发掘证明，早在距今 8000 年前的"后李文化"时期，淄博地区就开始了陶瓷生产。西周初，齐国专设"陶正"官，管理陶器（图18、图19）生产，并在齐都城内设立制陶作坊，从事陶器的专业化生产。魏晋南北朝前后，淄博地区的陶瓷生产完成了由陶器向瓷器的过渡。唐宋时期，陶瓷生产技艺日趋精进，规模不断扩大。淄博相继出产了一批颇有影响的陶瓷名品，寨里窑的青瓷、磁村窑的黑釉瓷、博山窑的绞胎和彩瓷等。明清时期，淄博陶瓷产品器型厚重，装饰独特，产销两旺，形成了以博山为代表的陶瓷生产和销售中心。新中国成立后，淄博陶瓷在继承和发扬

图18 陶器艺术品

传统技艺的基础上，立足当地资源，开拓创新，开发出了滑石质瓷、高长石质瓷、高石英质瓷、骨质瓷等新瓷种，刻瓷艺术更是独树一帜。

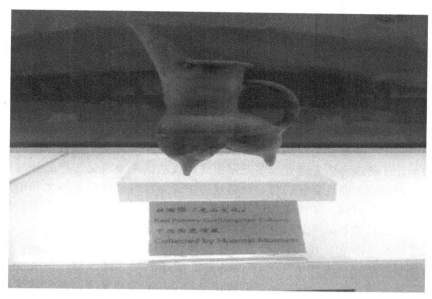

图19 红陶

展厅分前言区、综合展区、古代和近代展区、现代展区、陶艺创作区、陶瓷精品销售区和广告区七大部分。古代展品中有享誉海内外的北朝青釉莲花尊、宋代雨点釉、茶叶末釉、绞胎瓷、粉杠瓷等淄博陶瓷名品（图20），也有龙山文化蛋壳陶和宋代的影青执壶、定窑碗、哥窑碗等稀世珍品。现代展品按不同用途和艺术风格分建筑陶瓷、园林艺术陶瓷、卫生陶瓷、日用陶瓷、艺术陶瓷、现代陶艺、刻瓷和高科技陶瓷几大部分进行了分类陈列，展示了淄博陶瓷的最高艺术水平和发展成就。

图20 淄博陶瓷名品

6 淄博博纳科技发展有限公司

淄博博纳科技发展有限公司（简称博纳公司）是由多名博士领衔创办的高科技企业。公司总部位于山东省淄博市高新区先进陶瓷创新园。博纳公司是功能陶瓷产业的领军企业，是能量瓷的发明者和引领者，是中国专利明星企业和中国能量瓷首个国家标准主持制定单位，是中国抗菌协会副理事长单位和中国生态功能材料专业委员会副主任委员单位。

博纳公司具有较强的研发实力。公司研发中心于 2008 年升级为淄博市级技术研发中心，该中心与多所大学联合共建的试验室位于（淄博）国家陶瓷工程技术中心。博纳公司持续科技创新，现已成为陶瓷行业少数几家实现了技术成果专利化和产品标准化的高科技企业之一。公司研发的能量瓷核心技术材料获得了淄博市科技进步一等奖和山东省科技进步二等奖，该项目同时列入了国家火炬计划和国家科技支撑计划，并被国家科技部、国家商务部、国家环保总局和国家质检总局同时认定为国家级重点新产品。

公司主要产品（图 21、图 22）有能量瓷餐具、中南海杯、能量瓷茶具、能量瓷酒杯和能量瓷礼品等礼品瓷。还有电气石/托玛琳球、麦饭石球、碱性球、负电位陶瓷球、富氢水瓷球、远红外球、负离子球、锗石能量球等产品。专为净水器、空气净化器、加湿器等产品提供专业净化过滤、抗菌活化和碱性等功能陶瓷材料。

图 21　活烟杯

图 22　能量瓷

7 天津力神电池股份有限公司

天津力神电池股份有限公司（简称天津力神）创立于1997年，是一家拥有自主知识产权核心技术的股份制高科技企业，专注于锂离子蓄电池的技术研发、生产和经营；现具有9亿Ah锂离子电池的年生产能力，产品囊括了聚合物电池、动力电池、光伏、超级电容器等六大系列上百个型号，应用范围涵盖了个人电子消费产品、电动工具、交通运输和储能等领域。天津力神是迄今国内投资规模最大、技术水平最高的锂离子电池生产企业，市场份额稳居全球前五，其产品已成为中国锂电的代表性品牌。

公司营销网络覆盖了欧洲、北美、亚洲等国家和地区，物流中心遍布世界各地。近年来，随着新型能源应用的不断扩大，公司相继与国内外大型车企展开合作，合作项目包括乘用车、专用车以及商用大巴车等全系列用动力电源。在储能领域，公司相继与国电电力、中广核、南方电网等合作储能运营项目，并与国家电网、中国普天、中国联通等运营公司相继成为战略合作伙伴。

天津力神秉承技术质量、国际一流、绿色能源、造福人类的经营理念，坚持高端市场定位，致力于为客户提供整体电源解决方案。通过不断的技术提升，产品性能和质量均达到世界一流水平。公司内设力神研究院、国家级博士后科研工作站、国家级企业技术中心、国家锂离子动力电池工程技术中心，以及国际一流水平的安全测试中心（国内电池行业首家UL目击测试实验室），为增强企业发展持续性提供了有力的保障。

公司的主要产品有锂离子电池（包括方型电池、圆型电池、聚合物电池和动力电池），电池组合及应用系统，光伏模组及系统，超电单体及模组。

某电池产品的工艺流程如图23所示。

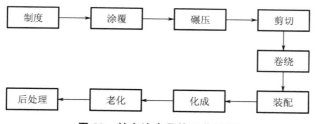

图23 某电池产品的工艺流程

后处理包括配阻、组装和测试。

参观天津力神的车间以后，我最大的感受就是这个企业的生产管理非常严格，自动化程度很高，生产线的每个工序都独立设在不同的房间，工人的数量很少，这样不仅节约了劳动力，节省了成本，而且效率和质量也得到极大提高，整个厂房看起来非常整洁，井井有条。因为目前我们还没有学习电池相关的专业知识，这次的参观也让我初步了解了锂离子电池的生产过程，为以后的学习打下了基础。

实 习 心 得

　　为期三周的生产实习结束了。这期间我们深入企业生产的第一线，现场看到了加工工序和流程，比课堂上学到的对有关产品生产过程的描述更加生动，让我对它的理解和记忆也更加深刻。

　　这次参观的 3 个陶瓷企业，加深了我对课本上关于陶瓷生产的原理和理论的理解，并且看到了实际生产所用的仪器设备，通过和生产人员的沟通也解决了我遗留的很多关于生产方面的疑惑，学到了很多新的知识，让我的知识结构更加完善。除此之外，我们还参观了两个锂离子电池生产的企业，对于电池的相关理论及知识我们还没有系统地学习，所以关于对它的理解以前也仅局限于在网上查找相关内容，通过参观这两个企业，听取工作人员的讲解，我更加系统地了解了锂离子电池生产的生产流程和相关知识，丰富了我的知识面，开阔了眼界。

　　同时，我也感受到理论和实践的巨大差距，很多课本上所学的知识放到实际生产中可能会遇到问题，或者说按照书本上讲的去做，生产效率和质量都不会很高，所以，在研究领域，我们要更多地考虑实际生产条件，让我们的科研成果在实际中能转化为强大的生产力，解决实际生产问题。

4.4.2 典型生产实习报告二

生产实习报告

学校：河北工业大学

班级：功能材料 121 班

姓名：×××

学号：

时间：2015 年 10 月

实 习 目 的

从 2015 年 10 月 8 日开始，河北工业大学功能材料专业 2012 级的同学在老师的带领下，即将开始为期 3 周的生产实习。步入大四，许多同学马上面临就业，所以此次的生产实习活动十分必要。实践是检验真理的唯一标准，通过这次实习，我们可以进入企业深入了解自己将来可能从事的行业，了解如何在实际中运用我们所学的知识，为了更好地将三年来的学习与今后的工作进行衔接。所以在实习中应能达到以下效果：

（1）通过生产实习，理论要联系实践，更好地将大学期间所学的理论和实践相结合，更进一步加深对功能材料专业理论知识的理解，了解和掌握实际生产中的生产流程、工艺原理和技术要求，为今后学习和实际工作打下良好基础。

（2）培养自己善于观察、勤于思考的良好的学习习惯以及严谨的科学态度和实际动手能力。通过本次实习使我能够进一步了解社会，增强对社会主义现代化建设的责任感、使命感，为将来走向社会、适应社会、融入社会做好充分准备。

实 习 安 排

此次的生产实习安排见表 1。

表 1　生产实习安排

10 月 12 日	国家纳米技术与工程研究院
10 月 14 日	山东珍贝瓷业有限公司
10 月 14 日	山东维动新能源股份有限公司
10 月 15 日	淄博佳汇建陶有限公司
10 月 15 日	山东淄博市陶瓷博物馆
10 月 16 日	淄博博纳科技发展有限公司
10 月 22 日	天津力神电池股份有限公司

实 习 内 容

此次实习内容为参观"国家纳米技术与工程研究院、山东珍贝瓷业有限公司、山东维动新能源股份有限公司、淄博佳汇建陶有限公司、山东淄博市陶瓷博物馆、淄博博纳科技发展有限公司、天津力神电池股份有限公司"等企业，身临其境学知识，开眼界、长见识。

1. 国家纳米技术与工程研究院

国家纳米技术与工程研究院（图1）是从事无机材料和有机材料的微区形貌分析、组织结构分析、微量和常量化学成分定量分析、元素分析、结晶度分析、金相分析、矿物组分含量、颗粒分布、有害物质限量检测（甲醛、苯、甲苯、二甲苯、氨、甲苯二异氰酸酯、VOC 等）、复杂体系样品的综合分析等数十项测试，是目前国内材料检测的权威机构。

图1 国家纳米技术与工程研究院

在工作人员的带领下，我们参观了该院的用于材料检测的先进专业检测仪器和设备，同时院里还拥有经验丰富的分析测试人员，检测项目包括理化分析检测、环境检测及评价、职业卫生检测及评价，以及食品、金属矿产、石油化工、电子器件、生物医药等产品的相关性能测试，是集检测、评价、科研为一体的科技型企业。

按照材料检测的过程，我们依次参观了接样室、SEM（扫描电镜）室、样品预处理室（图2）、气相室、TEM（透射电镜）室、SPM（多功能扫描探针显微镜）室、粒度测试室

（图 3）、X 射线室等。从这个过程中，我们了解到了从接收被检测材料、预处理到物理化学性能检测的完整过程。

图 2　样品预处理室

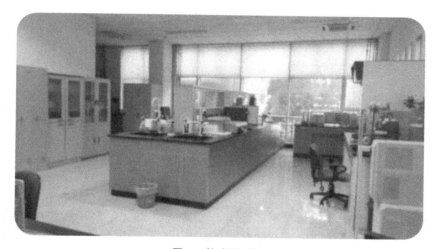

图 3　粒度测试室

2. 山东珍贝瓷业有限公司

　　山东珍贝瓷业有限公司（简称珍贝瓷业）是国家重点高新技术企业，2004年被列入国家火炬计划高新技术企业。珍贝瓷业公司生产的"海的"牌和"珍贝"牌贝瓷，具有白度高、透明度好、热稳定性好和机械强度高等优良性能，填补了国内外空白，达到国际领先水平。珍贝瓷业公司产品主要包括酒店用瓷、出口瓷、套装礼品瓷、保健办公瓷、工艺美术瓷等五大系列，其产品为世界最好瓷种之一，2005年荣获山东名牌产品，2006年荣获国家免检产品称号。珍贝瓷业公司生产的贝瓷具有抗菌、保健功效，是名符其实的绿色环保陶瓷。

　　无棣县位于山东省最北端，东北濒临渤海湾，地处黄河入海口的交汇处，属泥沙质浅海滩，非常适宜贝类产品（图4）的繁殖与生长，因此具有生产贝瓷的得天独厚的地理、自然条件。

图 4　布满贝壳的海滩

　　在珍贝瓷业公司我们实地参观了产品生产车间（图5），了解了陶瓷生产的每一步流程。一件精美的陶瓷制品的制成要经过混料、成型、素烧、施釉、二次烧结等过程。对于不同的产品，要采用不同的成型方法及烧成制度。

图 5　产品生产车间

　　珍贝瓷业的原料主要以海洋贝壳为主，外加十几种不同的辅料，经过配料、练泥、陈腐、成型，最后烧成（图6），即可得到产品（图7）。对于不同的产品应采用不同的成型方法，例如对于复杂形状且壁薄的瓷瓶，适合采用注浆成型，对于形状小而简单的碗碟适合采用辊压成型。我们还了解到，在瓶状坯料成型后，工人师傅要对干燥后的坯料进行磨皮，以方便上釉，这是以前我们在课堂上并未学到的。磨皮之后可进行素烧，接下来施釉，从均匀施釉与避免釉料浪费两方面考虑，壶状采用浸釉，而盘状采用喷釉的方法。上好釉的半成品还要二次烧结，烧结温度的不同可以生成釉下彩或釉上彩。有些工艺复杂的瓷器，如日用瓷贴花后还要三次烧结。最后经过质量检测，才可以将美观、耐用的瓷器投入市场。

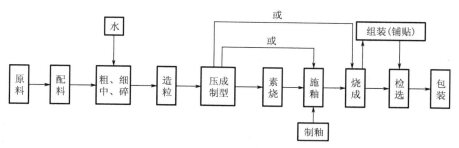

图6　陶瓷生产流程

图7　贝瓷产品

3. 山东维动新能源股份有限公司

山东维动新能源股份有限公司（图 8）是一家集研发、生产、销售、服务于一体的综合性新型企业。专业生产低速电动汽车、电动观光车、电动助残车、电动轮椅车电源的大型新能源企业。公司自成立以来，在技术、人才、市场、品牌等方面不断地积累，围绕绿色、环保、可持续发展，采用现代化的管理模式，通过引进、吸收和再创新，不断促进动力电池产业化的快速发展。

图 8　山东维动新能源股份有限公司

4. 淄博佳汇建陶有限公司

淄博佳汇建陶有限公司座落于"江北建陶第一镇"——山东省淄博市淄川区杨寨镇，是近年来建筑陶瓷生产业冉冉升起的一颗新星。公司拥有两条意大利现代化生产线，专业生产"万友""世钰""佳汇"（规格为 300mm×450mm、300mm×300mm、250mm×330mm、330mm×330mm）牌哑光、水晶内墙、地面用系列产品（图9），年产量 600 万 m²，年产值近亿元。

图9　佳汇建筑陶瓷产品

传统的建筑陶瓷主要以装饰效果为主，包括内墙面砖、外墙面砖、地面砖、陶瓷锦砖、陶瓷壁画等。我国的建筑陶瓷产业在近十几年的时间里得到了快速发展，凭借内外部的发展优势与机遇，已成为世界建筑陶瓷的生产和消费大国，全球过半的建筑陶瓷产自我国，由此可见我国建筑陶瓷在国际舞台上占据了重要的地位。佳汇建陶公司创造性地开发了防滑地砖系列、精抛超平面系列、精雕模具壁纸系列等产品，品质由低档建陶向中高档建陶提升。

建筑陶瓷的生产与日用瓷的生产有着相似的生产过程。墙地砖是以无机非金属材料为原料，经准确配比混合后，按一定的成型方法烧结而成。由于墙地砖产品的外形多为规则的薄板状，因而多采用干压成型法，适用于自动化流水作业线生产。其中精雕模具壁纸系列产品，需要用模具成型，然后烧成精美的产品。而超平面建陶则需要经过抛光工艺才能呈现十分平整的表面。

5. 山东淄博市陶瓷博物馆

淄博是位于齐鲁中部的新兴工业城市,是古齐国的都城,是驰名世界的瓷都之一,也是发现使用陶器最早的地区之一。这里生产的琉璃品和陶瓷制品不仅享誉国内外,而且有着悠久的历史,山东淄博市陶瓷博物馆(图 10)地处淄博市中心文化广场,是目前国内规模最大、档次最高、展品最全的陶瓷馆。馆内分布有多个展区,综合展厅、古代展厅、民俗展厅、名人名作馆、国际展厅、高技术展厅、刻瓷艺术馆等,是一个集陈列、展览、收藏、研究、销售和社会教育于一体的综合性现代化陶瓷博物馆。

图 10　山东淄博市陶瓷博物馆内的中国陶瓷馆

在众多展厅中,印象最为深刻的是古代展厅和高技术展厅,图 11 所示为古代展厅展出的藏品。

图 11　古代展厅藏品

图 12、图 13 分别为民俗展厅展品、现代瓷器。

古代展厅古朴典雅,收藏了 8000 年前后李文化古窑及龙山文化、夏、商、周、秦、汉、隋、唐、元、明、清到民国的文物 500 余件,其中北朝青釉莲花尊、唐三彩、宋三彩、宋黑定碗等国家一、二级文物 100 余件。展馆内既有古代窑址分布图,又有各种陶瓷知识挂图，内容丰富，布局合理，是观众认识陶瓷、学习历史、感受中华文明的极好课堂。为了提高展馆的展示效果和展品档次，打造一流陶瓷展馆，建馆之后的几年中，三次从北京故宫博物院借展唐、宋、元、明、清各时期有代表性文物近 70 件次，包括宋朝五大名窑以及元釉里红、元青花、明宣德青花、明永乐甜白、明万历五彩、清康熙郎窑红等国宝级文物，展出后受到社会各界广泛赞誉。高技术展厅以陶瓷新材料在空间技术、军事、生命科学、环境工程、电力能源、微电子等六大领域的应用为主线，采用声、光、电、像和虚实、模拟相结合的现代化展示技术，全面展示了陶瓷新材料的最新科研成果，使人们从全新的视角充分了解陶瓷这一古老技术的崭新的时代意义。从高科技展厅中看到了无机非金属领域的发展前景。

图 12　民俗展厅展品

图 13　现代瓷器

6. 淄博博纳科技发展有限公司

10月16日，我们来到了淄博博纳科技发展有限公司（简称博纳公司），重点参观了该公司监制的具有抗菌、易洁、活水功能的能量瓷产品。博纳公司专注于能量瓷的研发与生产，产品有能量瓷杯、能量瓷餐具、能量瓷茶具三大系列产品。

抗菌能量瓷表面可抑制细菌的滋生繁殖。能量瓷因为自身具有的热电特性、自极化性而使其釉面处于高度的活性状态，具有极强的氧化能力，破坏细菌的细胞膜、抑制细菌的滋生繁殖，同时能够把细菌残骸高效分解成二氧化碳和水，保持瓷面的洁净状态，成为居家食品保鲜和日常生活使用的最好器具。

易洁能量瓷具有超强的亲水能力，其釉面可使水珠迅速在釉面扩展，粘有污垢的陶瓷制品只用清水就可有效去除釉面之油污和茶垢，保持釉面洁净，可避免因使用洗洁精而带来的对人身健康伤害和环境危害，提供健康生活的保障。

活水能量瓷的釉面和坯体可产生超强的定频远红外线能量波，与水分子团产生共振，将大的水分子团激活成较小的水分子团，使水活化，同时还可清除水分子团环形凝聚结构中包藏的污物，达到活水净水的效果。图14、图15为能量瓷产品图片。

图14　能量瓷山茶花套餐具图

图15　能量瓷活烟杯

7. 天津力神电池股份有限公司

　　天津力神电池股份有限公司创立于 1997 年，是一家拥有自主知识产权核心技术的股份制高科技企业，专注于锂离子蓄电池的技术研发、生产和经营。现具有 9 亿 Ah 锂离子电池的年生产能力，锂电池（Lithium battery）是指电化学体系中含有锂（包括金属锂、锂合金和锂离子、锂聚合物）的电池。锂电池大致可分为两类：锂金属电池和锂离子电池。锂金属电池通常是不可充电的，且内含金属态的锂。锂离子电池不含有金属态的锂，并且是可以充电的。而目前应用较为广泛的是锂离子电池。锂离子电池一般使用锂合金金属氧化物为正极材料、石墨为负极材料、使用非水电解质介质。可选的正极材料很多，目前主流产品多采用锂铁磷酸盐。图 16 为天津力神公司生产的动力电池。

图 16　动力电池

　　此次参观的生产线为动力电池（型号 134）的全自动生产线。主要的生产流程有：极耳焊接、卷绕、热压 X 射线检测、极组打包、底部包胶、极耳整形、极耳焊盖、极耳预弯、极组入壳、放入垫片、周边焊、验漏、注液、封口等。

实 习 心 得

  作为一个工科的学生，实习是大学学习期间不可缺少的非常重要的实践教学环节，这次实习开阔了眼界，使我们了解了大批量、在专业化生产条件下的各种生产工艺和生产流程。

  通过这次实习，也充分了解到国内材料行业的现状。长期以来，我国都被称为"制造大国""世界工厂"，中国以其劳动力的廉价，技术的落后，其工厂的生存发展不得不依赖于引进国外的高新技术。生产技术落后，相比其他高新企业，成本必然会增加，直接导致生产线的停产或淘汰。在这次实习中，我也对此有了更深刻的认识。

  这次的生产实习，让我明确了今后的发展目标。激励我们拿出热情去做好每一件事，发掘潜力去提升自己。实习结束了，感悟很多，收获很多，同时也发现了自己专业知识上的不足，虽然对所参观的生产线的了解还不够细致，但对于我们这些实际生产和专业知识不足的学生，看到和听到的这些专业理论和知识已经足够让我们慢慢的消化和理解，也让今后步入社会的我们找到了自身的定位，更加清楚地认识到自己将为之而努力的目标，学好专业知识，尽自己的所能为祖国做贡献。

第 **5** 章
功能材料专业创新创业能力培养

功能材料专业学生通过在技术与产业结合、技术与经济结合、技术与实践结合、技术与标准化结合"四结合"的高水平产学研基地和技术交流、产业交流、学术交流"三交流"高水平交流平台进行科研能力训练和参加竞赛活动，充分激发了学生的创新创业能力，使之成为综合素质全面的专业型人才的可靠保证，学生们写出的学术研究报告、发表的学术论文、授权的国家专利以及在各类竞赛中获奖，毕业后创办企业。人才培养质量显著提高，为地方经济建设提供复合型产业技术创新型人才的能力大幅增长。

5.1　撰写学术研究报告

学生通过创新创业教育环节的学习与科研训练，其创新思维与创新意识、对专业知识理解和认识、分析问题及解决问题的能力得到极大提升。在进入大学三年级时，依据导师与学生双向选择原则进入项目组参与科学研究，并在导师指导、在学研究生辅导下，提出创新性项目设计，完成实验准备、项目实施、学术研究报告撰写、国家专利申请、成果转化、学术交流等工作。

本科生承担的"功能材料热电性能研究"项目，结合基础理论及专业课学习，通过查阅大量的文献资料和进行的试验及数据整理，对比分析了国内、外最新的功能矿物材料热释电性能测试技术，提出了天然矿物电气石热释电性能的检测方法。在实现标样标准化定标问题上，文献和实际都没有案例可循，经过反复思考和实验，确定了按"初级振压破碎、二级定量精密粉磨"工艺，此方法可以尽量减少制样过程中对样品晶体结构的破坏。学生们还开发制作出相应的测试装置，并利用该装置对国内四个主要产区电气石的热释电性能进行了测试评价分析，该项目得到大学生创新实践基金资助。

2011、2012级学生在前期研究基础上，在大学生创新创业训练项目——《矿物粉体材料红外发射性能测试装置》和《电气石粉体自发极化性能测试方法及测试装置》研究中，针对现有测试技术尚未解决的"由于不同物质采用相同的测试系数，导致红外性能测试结果存在偏差"，以及"采用电场法和荷电转换法测试材料自发极化性能时存在外加电场和热释电效应干扰而影响测试精度"等问题，通过深入的理论分析，基于"热传输、分子场理论及采取外加磁场、运动电荷在磁场中受洛伦兹力可改变运动方向"的原理，提出了矿物粉体材料红外发射及自发极化性能测试方法。在后续的研究中，此方法被确定为标准方法加以利用。项目《矿物粉体材料红外发射性能测试装置》和《电气石粉体自发极化性能测试方法及测试装置》结题后撰写了学术研究报告（见 5.1.1 节）。

5.1.1 《矿物粉体材料红外发射性能测试装置》学术研究报告

《矿物粉体材料红外发射性能测试装置》学术研究报告全文如下。

随着科学技术的发展，矿物材料的红外发射性能在环境保护、生物保健、工业水处理、饮用水处理、燃油燃气活化及室内空气环境净化等领域具有广泛的应用。但目前市场上还未见到适宜工矿企业使用的表征矿物材料红外发射性能的便携式测试设备，因此开展有关矿物粉体材料红外发射性能测试技术研究意义重大。

本课题是在前期开展的粉体材料红外辐射性能测试技术研究基础上，针对现有测试技术中存在的"由于不同物质采用相同的测试系数，导致测试结果存在较大偏差"问题，基于热传输理论分析，结合分子场理论，提出采取恒温加热体系，提供恒定热流，建立均匀温度场，使待测样品通过对热量的传递，完成矿物粉体材料红外发射率的测试。电气石是典型的具有红外辐射性能天然矿物材料，通过对不同矿区、不同种属电气石粉体红外发射机理探讨，研究在等温体系中红外发射率测试方法。

1. 测试原理

基尔霍夫定律指出，在一定温度下，达到热辐射平衡的物体发射能力与吸收能力成正比，即发射率等于吸收率（$\varepsilon = \alpha$）。发射本领最大的物体称为黑体，是指对入射的电磁波全部吸收，既没有反射，也没有透射的理想物体。黑体具有最佳的辐射特性，在任何温度下都能全部吸收和发射任何波长的辐射。一般物体的辐射性能在任何波长都低于黑体，通常用发射率来表示物体的辐射性能接近黑体的程度。发射率是衡量物体辐射能力强弱的数值，取值范围为 0~1，也称为辐射率或黑度，其定义为在相同条件下，物体的辐射出射度与黑体的辐射出射度之比，用符号 ε 表示，即

$$\varepsilon(T) = M(T)/M_b(T) \tag{5-1}$$

式中，$M(T)$ 为实际物体在温度 T 时的辐射出射度；$M_b(T)$ 为相同条件下黑体在温度 T 时的辐射出射度。

发射率越接近 1，其辐射能力越强，相同条件下辐射出的能量也越多。

维恩位移定律指出，黑体的光谱辐射出射度峰值对应的波长 λ_m 与黑体的绝对温度成反比，其数学表达式为

$$\lambda_m T = b \tag{5-2}$$

式中，λ_m 为辐射峰值对应的波长（单位为 μm）；T 为绝对温度（单位为 K）；$b = c/x^2 = 2897.8 \pm 0.4 (\mu m \cdot K)$。

斯蒂芬-波尔兹曼定律指出，黑体单位表面积向半球空间发出的辐射总功率 M 与其绝对温度 T 的四次方成正比，即

$$M = \sigma T^4 \tag{5-3}$$

式中，M 为黑体的全辐射出射度；σ 为波尔兹曼常数（$\sigma = 5.673 \times 10^{-8}\,\mathrm{W \cdot m^{-2} \cdot K^{-4}}$）。

这一表达式说明温度对黑体的辐射能力有着重大的影响作用。

由热力学第二定律可知，在已知温度 T 和波长 λ 下，黑体的光谱辐射出射度为

$$W_\lambda = \frac{k_1}{\lambda^5 [\exp(k_2/\lambda T) - 1]} \tag{5-4}$$

式中，$k_1 = 3.472 \times 10^{16}\,(\mathrm{W \cdot K})$，$k_2 = 1.4388 \times 10^{-2}\,(\mathrm{W \cdot K})$，$k_1$，$k_2$ 为两个相关常数。

而对于表面温度为 T、光谱范围为 $[\lambda_1, \lambda_2]$（$0 < \lambda_1 < \lambda_2$）的物体，其光谱辐射出射度为

$$W_{\lambda_2 - \lambda_1} = \int_{\lambda_1}^{\lambda_2} k_1 \,\mathrm{d}\lambda [\exp(k_2/\lambda T) - 1] \tag{5-5}$$

由式（5-5），当 $\lambda_1 \to 0$，$\lambda_2 \to \infty$ 时，遵循斯蒂芬玻尔兹曼定律，由广义积分原理得出原黑体的辐射出射度为

$$W_0 \to \infty = \int_0^\infty k_1 \,\mathrm{d}\lambda [\exp(k_2/\lambda T) - 1] = \sigma T^4 \tag{5-6}$$

式中，$\sigma = 5.673 \times 10^{-8}\,(\mathrm{W \cdot m^{-2} \cdot K^{-4}})$。

而实际物体所发射的辐射出射度为

$$W_t = \varepsilon \sigma T^4 \tag{5-7}$$

所以不同的物体其发射率 ε 和辐射的能量 W_t 都是不相同的。

基于上述原理，假设待测样品为不同种类矿物粉体材料，当它们的初始温度 T 相同时，则辐射率 ε 大的样品，其辐射能 W_t 就大。当粉体处于热稳定过程时，得到热量传递平衡方程为

$$\frac{\lambda_0 (T_{10} - T_{20})}{\delta} = \sigma \varepsilon T_{20}^4 \tag{5-8}$$

整理式（5-8）得到

$$\varepsilon = \frac{\lambda_0 (T_{10} - T_{20})}{\sigma \delta T_{20}^4} \tag{5-9}$$

式中，T_{10}、T_{20} 为稳态时粉体上、下表面温度，δ 为待测粉体的厚度，σ 为玻尔兹曼常数，λ_0 为导热系数。

由式（5-6）可知，若测得样品的 λ_0，即可求出样品的红外发射率 ε。

2. 热传导对红外发射率的影响

热传导是指在稳定传热条件下，1m 厚的材料，两侧表面的温差为 1℃，在 1h 内，通过 1m² 米面积传递的热量，单位为 W/m·℃。热传导与材料的组成结构、密度和温度等因素有关。它的实质是大量物质依靠内部的分子、原子和自由电子等微观粒子的热运动的互相撞击，从而使能量从物体的高温部分传至低温部分，或由高温物体传给低温的过程。热量传递主要有三种传递方式：热传导、热对流以及热辐射。其中热传导是物体内部的热量从其高温部分向低温部分传递；热对流是由液体和气体的流动进行热量传递的；热辐射是直接由热源向物体传递热量，常以电磁波的形式传递。基于这三种热传递方式建立的能量传递模型如图 5-1 所示。

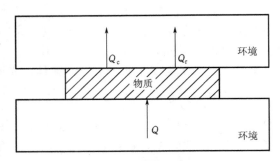

图 5 - 1 能量传递模型图

由图 5 - 1 所示模型可知，当物质处于同一测试环境时，物质从环境吸收的热传导的热量等于其向环境传递的热对流和热辐射的热量之和，即

$$Q = Q_c + Q_r \qquad (5-10)$$

式中，Q 为热传导的热量，Q_c 为热对流的热量，Q_r 为热辐射的热量。当系统热量传递达到平衡后，不存在温差，因此可以忽略热对流对能量传递的影响，故热传导的热量应等于热辐射的热量，即

$$Q = Q_r \qquad (5-11)$$

通常在固体中的热传导通常有两种模式：一种是晶格振动；另一种是自由电子的传送。如在电气石的晶体结构中，众多的自由电子在晶格中移动，这些电子被称为电子气，它们能将物质晶体结构中高处的热能传送给热能低处。另外，热传导也可以由原子、分子的晶格振动所形成的弹性波来实现将热量从晶体内部的高温部分传给低温部分。

在加热过程中，系统通过导热元件将热量传递给被测样品，由于电气石的晶体结构复杂，其晶体内部不规则的分子排列与分子间的剧烈运动和自由电子的移动是引起样品能量传递的主要因素。当给系统持续加热时，系统所产生的热能量使内部分子产生剧烈运动，热量传递是物质晶体结构中的第一层分子将外界传递来的热量传递给第二层分子，第二层分子再将热量传递给第三层分子……依次传递至第 n 层分子，依此类推，整个物质晶体内部分子形成剧烈的运动状态，将热量从高温部分传递给低温部分，在热量传递过程中，使物体分子偏离平衡位置距离增大，物体分子处于高能状态，其越过势垒的比例增加，增加了分子跃迁的百分比，当分子回到平衡位置时，就会向外发射远红外线，故红外发射率高的物体向外发射的能量就高。因此热传导影响物体红外发射能力的强弱。

3. 测试系统开发

根据上述测试理论，矿物粉体红外发射性能测试原理参见图 5 - 2。

设计的矿物粉体红外性能测试模型应由测量单元、数据控制单元和数据分析及显示单元构成，其结构图如图 5 - 3 所示。

1）测量单元

测量单元由样品室、下传热板、上吸热板及电加热管构成。其中样品室置于上吸热板与下传热板之间，其内可放置被测矿物粉体样品，由电加热管提供热源经下传热板给样品加热，上吸热板可迅速将样品的热量带走，采用两个温度传感器将测试的样品上、下表面温度传递至数据控制单元。

为了使样品受热均匀，其样品室上、下部均由由导热系数和传热系数较大的黄铜材料

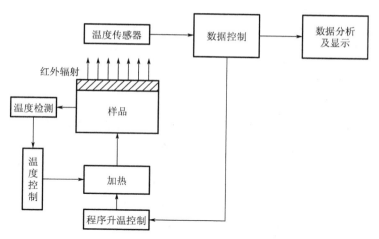

图 5 − 2　矿物粉体红外发射性能测试原理图

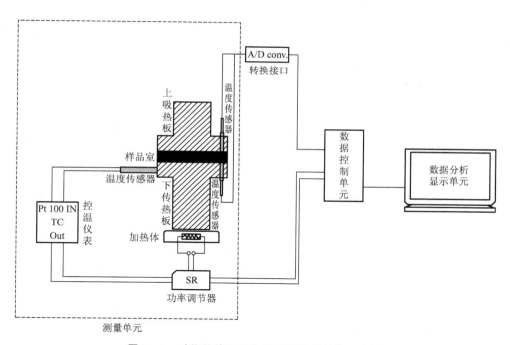

图 5 − 3　矿物粉体红外性能测试模型结构示意图

制成，便于将热量更好地从样品的下表面传给上表面。样品室由保温材料保温，可减少测试过程中的热量损失。

测试样品的厚度最好在 10mm 左右。若样品的厚度过大，则在系统到达稳定状态之前，样品下表面无法将热量充分传递给样品的上表面，会造成测试数据的不准确；同样，若样品的厚度过小，系统过快的将热量传递给样品的上表面，导致上表面的温度过高，也会影响实验的准确性。

2）数据控制系统

数据控制单元主要由温控仪完成对粉体样品上、下表面温度的测量及电加热管对样品的恒定加热。测试前预先设置好加热温度，然后按匀速升温方式为下传热板提供热源，当温度达到设定温度时，保持系统处于恒温状态；当系统达到稳定状态时，通过温度传感器即可测得待测样品的上、下表面温度值。实现对样品加热温度的控制和测量。

3）数据分析及显示单元

数据分析及显示单元采用工业用组态王软件，实现计算机对测量数据的运算分析，并显示最终测试结果。测试过程及数据运算软件程序如图 5-4 所示。

通过图 5-4 所示的测试过程控制流程，即可完成矿物粉体样品的红外发射率测试。

该测试模型的测试过程如下。

（1）将干燥的粉体样品放置于样品室内，放下上吸热板。

（2）开启电源及计算机，预热 10min。

（3）设置加热温度值及控制程序软件参数设定。

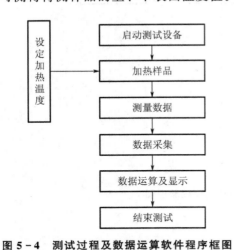

图 5-4　测试过程及数据运算软件程序框图

（4）启动加热按钮开始对样品加热，系统处于稳态后，即可读取测试结果。

（5）完成测试后，清理样品室，待下次使用。

4. 实验数据分析

采用本研究研制开发的红外发射性能测试系统（简称本测试系统）测得的稳态下样品的上、下表面温度差，根据公式（4-9）即可换算出样品的红外发射率。

1）实例 1

选取的待测粉体样品 TS-01 为山东的电气石粉体，利用本测试系统在对流交换热系数、粉体厚度及环境温度完全相同的测试条件下，得到如下结果：

$$T_{1上}=97.92℃；\ T_{1下}=80.00℃$$

根据已知的 $\lambda_0=0.398$，经计算得到样品 TS-01 的红外发射率 $\varepsilon=0.813$。

2）实例 2

选取的待测粉体样品 TS-02 为新疆的电气石粉体，利用本测试系统在对流交换系数、粉体厚度及环境温度完全相同的测试条件下，得到如下结果：

$$T_{2上}=97.46℃；\ T_{2下}=79.86℃$$

根据已知的 $\lambda_0=0.453$，经计算得到样品 TS-02 的红外发射率 $\varepsilon=0.871$。

由实验得到其他八个矿区电气石粉体样品的热传导系数，其结果见表 5-1。

表 5-1　样品 3～10 的热传导系数 λ_0 值　　　　　　单位：W/m·℃

样品编号	TS-01	TS-02	TS-03	TS-04	TS-05	TS-06	TS-07	TS-08	TS-09	TS-10
测试结果	0.398	0.453	0.425	0.474	0.414	0.428	0.429	0.425	0.444	0.445

按照上述实验步骤分别测量的 10 个样品的红外发射率，结果见表 5-2。

表5-2　10个样品的红外发射率（采用研制的红外性能测试仪测试）

样品编号	测试次数	1	2	3	4	5
TS-01	测试结果	0.822	0.799	0.820	0.822	0.815
	平均值	0.815				
TS-02	测试结果	0.863	0.864	0.854	0.862	0.855
	平均值	0.860				
TS-03	测试结果	0.843	0.832	0.845	0.856	0.845
	平均值	0.844				
TS-04	测试结果	0.890	0.901	0.860	0.886	0.879
	平均值	0.883				
TS-05	测试结果	0.812	0.810	0.803	0.821	0.823
	平均值	0.814				
TS-06	测试结果	0.854	0.854	0.846	0.865	0.856
	平均值	0.855				
TS-07	测试结果	0.854	0.856	0.843	0.860	0.855
	平均值	0.854				
TS-08	测试结果	0.853	0.854	0.842	0.846	0.841
	平均值	0.847				
TS-09	测试结果	0.876	0.877	0.863	0.886	0.864
	平均值	0.873				
TS-10	测试结果	0.880	0.882	0.876	0.866	0.871
	平均值	0.875				

5. 测试精度及误差分析

根据德国BRUKER公司生产的VERTEX型的傅里叶红外光谱仪测试得到的10个矿区电气石粉体样品的红外发射率，其测试结果见表5-3。

表5-3　十样品的红外发射率（采用傅里叶红外光谱仪测试）

样品编号	TS-01	TS-02	TS-03	TS-04	TS-05
发射率值	0.81	0.89	0.85	0.94	0.82
样品编号	TS-06	TS-07	TS-08	TS-09	TS-10
发射率值	0.86	0.86	0.85	0.88	0.88

以TS-01样品为例，分析测量误差。

测量误差＝(0.815－0.81)/0.81＝0.62%

通过上诉方法计算10个矿区电气石的试验误差均在误差的容许范围之内，精确度达到0.001，符合既定目标。

在创新团队的共同努力下，圆满完成项目既定任务，实现了对矿物粉体材料的红外发射率的测试，申请并授权了一项国家实用新型专利，制作了便携式粉体材料红外发射率测试装置，该装置测试精度及测量误差均达到预期目标。

5.1.2 《电气石粉体自发极化性能测试方法及测试装置》学术研究报告

《电气石粉体自发极化性能测试方法及测试装置》学术研究报告全文如下：

随着科学技术的发展，电气石的自发极化性能在人体保健、净化环境、工业水处理等领域有着广泛的应用。但目前市场上还未见到适宜工矿企业及高等院校、科研单位表征矿物材料自发极化性能的测试方法和测试设备，因此开展有关矿物粉体材料自发极化性能测试技术研究意义重大。

电气石是一种具有特殊属性的天然矿物非金属材料，其晶体结构（图5-5）中存在着以C轴轴面为两极、且不受外界电场影响的自发极化的静电场。由于这种永久存在的静电场带有自然能量，而且随着其晶体结构、化学成分以及粒度大小等参数的变化，其电极性的强弱也随之变化。电气石自发极化属性被国内外广泛用于环境保护、功能建筑材料及人体保健等领域。自发极化强度是表征自发极化性能的重要技术指标。由于电气石带有的极性电荷量极其微弱，拾取信号和测量就会十分困难，目前已知的Voigt法及电场法由于存在表面断键及外加电场干扰，会对测试结果产生很大影响。

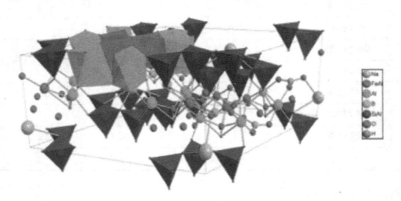

图5-5 电气石晶体结构

本课题是在已有的采用荷电转换法测试粉体材料自发极化性能装置基础上，针对外加电场和热释电效应干扰影响测试精度等问题，采取外加磁场、运动电荷在磁场中受洛伦兹力会改变运动方向的原理，使由自发极化产生的杂乱无章的电荷顺向，并向极板方向运动，达到最大限度的收集自发极化电荷的目的。通过对不同矿区、不同种属电气石粉体自发极化性能探讨，研究在外加磁场中测试自发极化效应的方法。通过自发极化性能与矿物粉体的粒度、晶体结构之间的关系，研究粉体样品自发极化微量电荷采集及荷电转换方式。基于产业化应用的自发极化性能测试技术研究，开发新型的便携式且可实现快速准确测试的适合工矿企业应用的测试系统。

1. 典型矿区电气石矿物粉体性能表征

我国的电气石矿物资源储量丰富，本研究以山东、内蒙、新疆、广西、河北、江西、辽宁、河南等10个典型矿区的电气石矿物为实验样品（图5-6），其样品编号分别为TS01～TS10。

图5-6 不同矿区电气石样品照片

图 5-6 不同矿区电气石样品照片（续）

根据图 5-7 所示的粉体制备工艺流程，对 10 个矿区电气石原矿进行人工破碎，筛分出粒径＜10mm 的颗粒，然后采用高性能纳米冲击磨，以料球比为 1：2 对其进行粉磨，研磨时间选取 4～5h，即可得到粉体样品。得到粉体样品后，对其进行粒度分布、XRD 等分析。

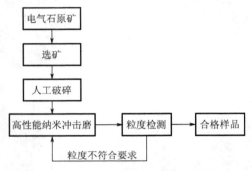

图 5-7 电气石矿物粉体制备工艺流程图

1）粒度分析

将试验制备的 10 个矿区电气石粉体样品，采用珠海欧美克有限公司生产的 LS800 型激光粒度分析仪对其进行粒度分布测试。测试方法是：取粉体样品 2g，配置焦磷酸钠溶液 200mL，超声振荡 5min，10 个矿区电气石粉体样品粒度分布的测试结果如图 5-8 所示。

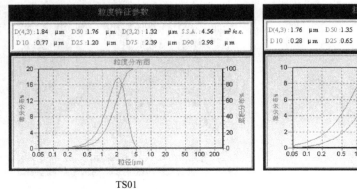

图 5-8 不同样品电气石粉体粒度分布曲线

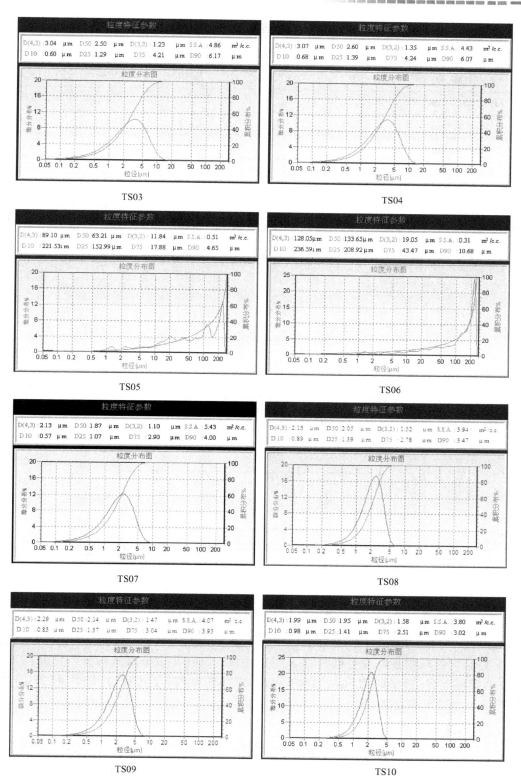

图 5-8 不同样品电气石粉体粒度分布曲线（续）

将图 5-8 中不同粉体的中粒径 D_{50} 汇总至表 5-4 中。

表 5-4 不同样品粉体粒径 D_{50} 数据

样品编号	TS01	TS02	TS03	TS04	TS05
粒径 D_{50}/μm	1.76	1.35	2.50	2.60	1.87
样品编号	TS06	TS07	TS08	TS09	TS10
粒径 D_{50}/μm	2.05	2.14	1.95	2.08	2.05

2）XRD 分析

试验采用荷兰 Philips 公司生产的 X' Pert MPD 型 X 衍射仪，对 10 种电气石样品的化学成分、晶体结构等进行测试分析，研究其对电气石自发极化性能的影响。测试条件为：CuKα 靶；石墨为过滤器；波长 $\lambda=1.5418$；扫描速度为 $v=4°/min$；2θ 范围为 $10°\sim80°$，采用 Jade 5.0 软件对晶体结构进行分析，测试结果如图 5-9 所示。

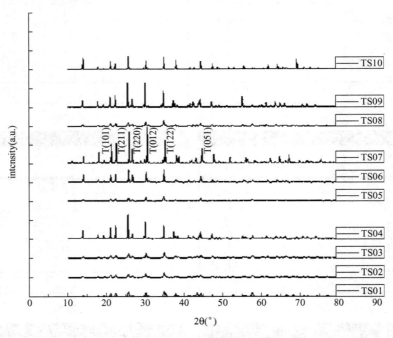

图 5-9 不同矿区电气石样品 XRD 图谱

根据图 5-9 分析可知，样品 TS01～TS10 的（101）、（211）、（220）、（012）、（122）、（051）特征衍射峰明显，符合电气石 X 衍射谱线。从化学成分及结构分析可知：TS01、TS03 为镁电气石；TS02、TS04、TS06 和 TS07 为铁电气石；TS05、TS09 和 TS10 为铁镁电气石；而 TS08 为锂电气石。

2. 测试原理

针对存在外加电场和热释电效应干扰影响测试精度等问题，采取外加磁场、运动电荷在磁场中受洛伦兹力会改变运动方向的原理，使由自发极化产生的杂乱无章的电荷顺向，并向极板方向运动，达到最大限度的收集自发极化电荷的目的。其测试理论为：将待测粉体样品（粒度范围 $1\sim10\mu m$）放入置于外加磁场内的样品室中，并让样品室以等角速度 ω 旋转，粉体在自发极化效应下产生自发极化电荷，在洛伦兹力的作用下相对于样品室径向向内，打到内置负极板上，相应的内置正极板上则显示正电。并将收集到的电荷信号传输至积分放大电路的输入端，经电容器的荷电转化与积分电路的放大，得到输出电压 U_0。由粉体自发极化定义可知

$$Q = P_s A \qquad\qquad (5-12)$$

式中，Q 为极化电荷总量，单位为 C；P_s 为自发极化强度，单位为 C/m^2；A 为极板面积，单位为 m^2。积分放大电路中电容器极板电荷为

$$Q = CU_0 \qquad\qquad (5-13)$$

式中，Q 为极化电荷总量，单位为 C；C 为电容，单位为 F；U_0 为输出电压，单位为 V。整理式(5-12)、式(5-13) 即可得到粉体材料自发极化强度 P_s 的计算公式为

$$P_s = \frac{CU_0}{A} \qquad\qquad (5-14)$$

3. 测试系统开发

1）测试系统设计

自发极化性能测试装置（图 5-10）主要由电动机、电荷采集单元（图 6 虚线框）、荷电转换器、数字电压表和计算机组成。其中电荷采集单元由样品室、磁铁、集电环和屏蔽壳组成。样品室为环形凹槽，其内壁镀有的金属薄膜可作为正、负极板，用来收集极化电荷。在样品室上、下端分别放置两块完全相同的、与样品室同心轴的磁铁，由此可产生与样品室轴线平行的恒定磁场。样品室由屏蔽壳保护，用来屏蔽外界的电磁干扰。样品室收集到的极化电荷经由银质导线和集电环传输至荷电转换器。

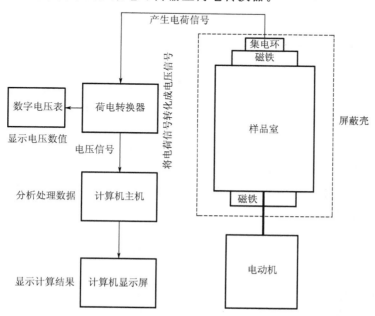

图 5-10 测试装置结构图

2）测试步骤

第一步，检查装置机械运动部分连接是否牢固稳定，电荷收集传输部分线路是否接触良好。

第二步，将粒径符合要求的样品装入样品室，使样品与样品室内置极板紧密接触，并由样品室外盖压实。将样品室放入屏蔽壳内，并将样品室上部磁铁放入屏蔽壳上。

第三步，将数字电压表清零。

第四步，将电动机接通电源，使电动机带动样品室旋转。同时观察数字电压表度数，当电压表度数值稳定时，记录下相应数值。

第五步，根据公式 $P_s = \dfrac{C \cdot U_0}{A}$ 计算出样品的自发极化强度。

第六步，测试结束后，切断电源，待样品室稳定至静止时，将样品倒出并清理测试装置。

3）实验数据分析

采用本研究研制开发的电气石自发极化测试系统（以下简称测试系统），即可完成样品的自发极化性能测试。表 5-5 为利用本测试系统测试的 10 个矿区电气石粉体的自发极化强度数据。

表 5-5　10 个矿区电气石粉体样品的自发极化强度值

样品编号	TS01	TS02	TS03	TS04	TS05
自发极化强度 P_s /(C/m²)	-2.278×10^{-4}	-3.204×10^{-4}	-4.992×10^{-4}	1.091×10^{-3}	9.641×10^{-4}
样品编号	TS06	TS07	TS08	TS09	TS010
自发极化强度 P_s /(C/m²)	7.857×10^{-4}	-5.474×10^{-4}	6.156×10^{-4}	-1.530×10^{-3}	5.327×10^{-4}

现对上述测试数据进行重复性分析。

重复性 r 定义为：在相同测量条件下，即相同的测量程序、相同的观测者、使用相同的测量仪器、在相同的地点、短时间内对同一被测量进行连续多次测量所得结果之间的一致性。

在重复性条件下，由于随机误差的影响，测量结果具有离散性，分散在一定区间内的概率称为置信概率，把两次测量结果之差的绝对值以 95％的置信概率不致超出的范围定义为重复性限，通常用符号 p 表示。当测量结果服从正态分布，取置信概率 $p=95\%$ 时，重复性 r 的计算公式为

$$r = \sqrt{2} \cdot t_{0.95}(v) \cdot \sqrt{\dfrac{\sum_{i=1}^{n}(y_i - \bar{y})^2}{n-1}} \qquad (5-15)$$

式中，v 是重复性的自由度 $v=n-1$；$t_{0.95}(v)$ 的值可由 T-分布的临界值表查得；y 是自发极化强度的测试值；n 是测试次数；$\bar{y}$ 是测试平均值。

在重复性条件下，用样品 TS02 做 10 次测试的结果见表 5-6。

表 5-6　同一样品 10 次测试结果　　　　　　　　　　单位：C/m²

测试次数	1	2	3	4	5	6	7	8	9	10
$y(\times 10^{-4})$	3.204	3.129	3.167	3.189	3.215	3.237	3.183	3.154	3.195	3.286
$\bar{y}(\times 10^{-4})$					3.189					

当测试次数为 $n=10$ 时，$v=9$，由 T-分布临界值表查得 $t_{0.95}(v)=2.26$，代入式（5-15）计算重复性 r 得到

$$r=\sqrt{2}\times 2.26\times\sqrt{\frac{\sum_{i=1}^{10}(y_i-\bar{y})^2}{10-1}}=8.199\times 10^{-6}(\text{C/m}^2) \tag{5-16}$$

由此可知：不管测试样品的粒度、类型如何，在重复性条件下，两次测量结果之差的绝对值以 95% 的置信概率不致超出的范围小于等于 8.199×10^{-6} C/m²。

通过上诉方法计算 10 个矿区电气石的实验误差均在误差的容许范围之内，符合既定目标。

在创新团队的共同努力下，圆满完成项目既定任务，实现了对电气石粉体的自发极化强度的测试，申请了一项国家实用新型专利《粉体材料自发极化测试系统》（赵立宽为第一发明人，申请日：2015.12.8 专利申请号：201521011282.1），制作了便携式粉体材料自发极化性能测试装置，该装置实现了快速准确的测试。

5.2　发表学术论文和授权国家专利

功能材料专业学生在完成课程学习任务的同时，积极参加教师的科研活动以及专项竞赛、大学生创新创业训练计划项目等活动，丰富了自身的专业知识与技能，提升了自身的学术水平与能力。在 2014 年和 2016 年，2011 级和 2012 级的 3 名学生发表了 SCI 论文 1 篇（表 5-7）、核心期刊论文 1 篇，占 33 名学生中的 9%；4 名学生授权国家专利 2 项。

表 5-7　近三年本专业学生公开发表论文、授权国家专利情况

序号	论文题目	期刊名	发表时间	学生姓名	备注
1	Synthesis of LiNi$_{0.5}$Mn$_{1.5}$O$_4$ cathode material with improved electrochemical performances through a modified solid-state methodmodified solid-state method	Powder Technology	2016	王江峰（2011 级）	SCI 收录
2	胶合板冷压性能测试及影响因素分析研究	林业实用技术	2014	郭柳滨（2011 级）罗立卜（2011 级）	核心期刊

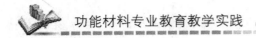

（续）

序号	专利题目	专利号	授权时间	学生姓名（第一发明人）	
1	粉体材料红外发射率测试装置	ZL201420556858.1	2014.12	王猛（2011级）刘承喆（2012级）	
2	粉体材料自发极化测试系统	ZL201521011282.1	2016.4	赵立宽（2012级）刘玉超（2012级）	

学术论文一

Synthesis of $LiNi_{0.5}Mn_{1.5}O_4$ cathode material with improved electrochemical performances through a modified solid – state methodmodified solid – state method

（Powder Technology，Volume 292，May 2016，P203～P209）

学术论文二

胶合板冷压性能测试及影响因素分析研究（林业实用技术，2014.15/：P74～P77，中文核心期刊）

授权国家专利证书一　粉体材料红外发射率测试装置

授权国家专利证书二　粉体材料自发极化测试系统

5.3　各类科技竞赛获奖

功能材料系注重对大学生创新意识和创新能力的培养，学生在各类全国具有影响力的竞赛中屡创佳绩，如在全国大学生数学建模竞赛、"创青春"全国大学生创业大赛荣获二等奖（表5-8）3项（图5-11）；参加2013—2016年度大学生创业项目获国家级立项8项，省部级4项，校级5项，结题项目6项（图5-12），学生的学术水平和自主研发创新能力得到显著提高。

表5-8　近三年本专业学生各项技能和科技竞赛获奖情况

序号	年份	竞赛名称	学生姓名	指导教师	级别	奖项	备注
1	2013	全国大学生数学建模竞赛	邓婧 李瑶 刘健	穆国旺	省部级	二等奖	
2	2014	"创青春"全国大学生创业大赛	刘洋 薛艳茹 杨慧敏	石善冲	省部级	二等奖	
3	2014	全国大学生数学建模竞赛	高敏		省部级	二等奖	

图 5 – 11　国家及省各类大赛获奖证书（部分）

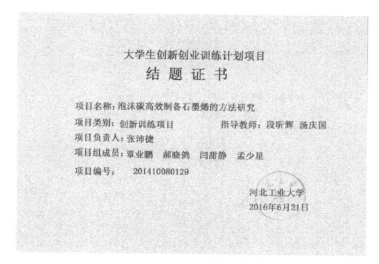

图 5 – 12　大创项目结题证书

大学生创新创业训练计划项目

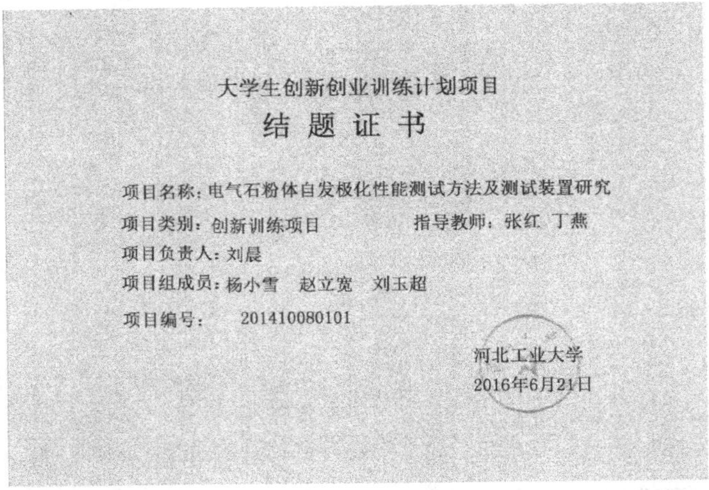

结 题 证 书

项目名称：电气石粉体自发极化性能测试方法及测试装置研究

项目类别：创新训练项目　　　　　　　指导教师：张红　丁燕

项目负责人：刘晨

项目组成员：杨小雪　赵立宽　刘玉超

项目编号：　201410080101

河北工业大学
2016年6月21日

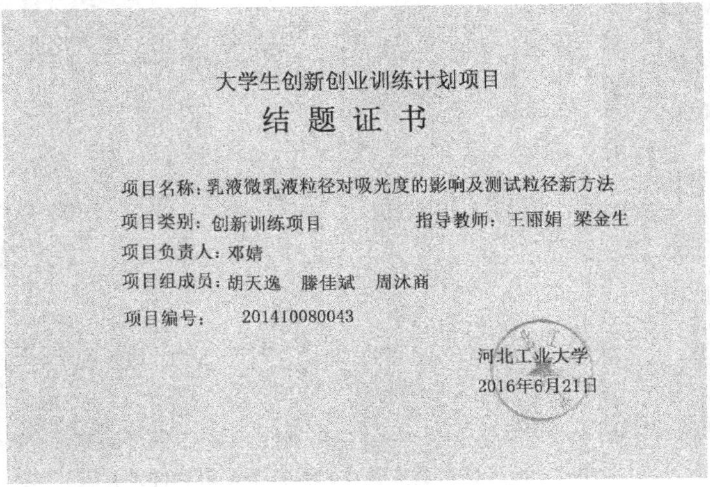

大学生创新创业训练计划项目

结 题 证 书

项目名称：乳液微乳液粒径对吸光度的影响及测试粒径新方法

项目类别：创新训练项目　　　　　　　指导教师：王丽娟　梁金生

项目负责人：邓婧

项目组成员：胡天逸　滕佳斌　周沐商

项目编号：　201410080043

河北工业大学
2016年6月21日

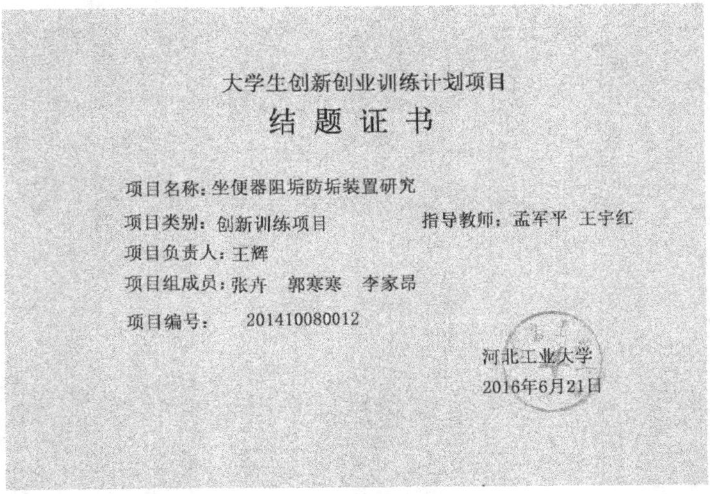

大学生创新创业训练计划项目

结 题 证 书

项目名称：坐便器阻垢防垢装置研究

项目类别：创新训练项目　　　　　　　指导教师：孟军平　王宇红

项目负责人：王辉

项目组成员：张卉　郭寒寒　李家昂

项目编号：　201410080012

河北工业大学
2016年6月21日

图 5-12　大创项目结题证书（续）

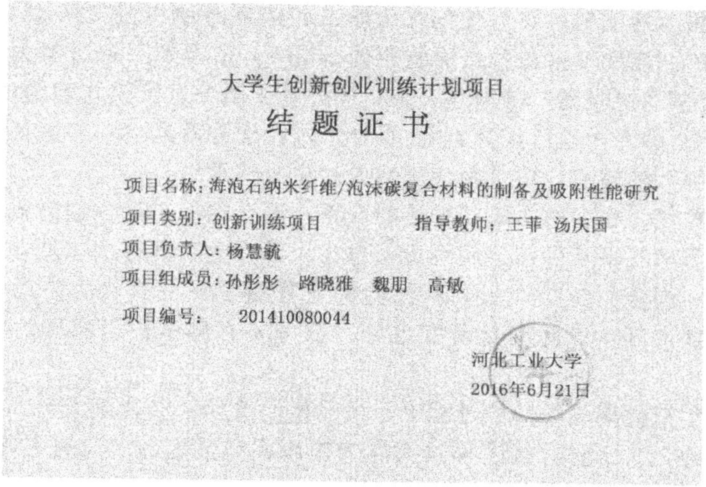

大学生创新创业训练计划项目
结 题 证 书

项目名称: 海泡石纳米纤维/泡沫碳复合材料的制备及吸附性能研究
项目类别: 创新训练项目　　　　指导教师: 王菲 汤庆国
项目负责人: 杨慧毓
项目组成员: 孙彤彤　路晓雅　魏朋　高敏
项目编号: 　201410080044

河北工业大学
2016年6月21日

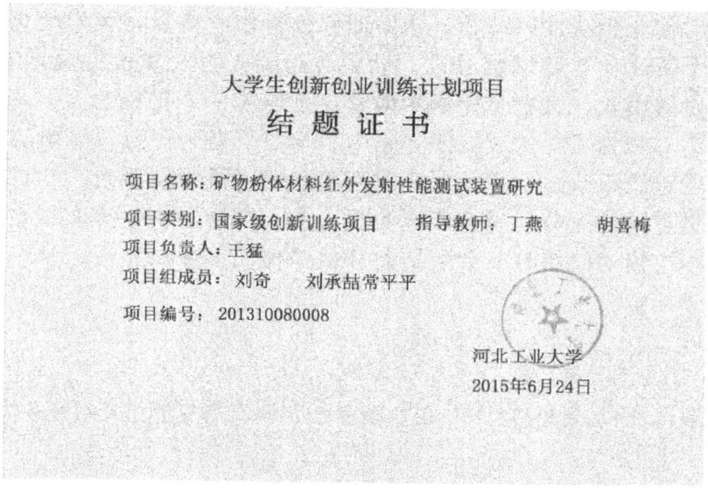

大学生创新创业训练计划项目
结 题 证 书

项目名称: 矿物粉体材料红外发射性能测试装置研究
项目类别: 国家级创新训练项目　　　指导教师: 丁燕　胡喜梅
项目负责人: 王猛
项目组成员: 刘奇　刘承喆常平平
项目编号: 　201310080008

河北工业大学
2015年6月24日

图5-12　大创项目结题证书（续）

5.4　学生创办企业

2011年学校首批招收功能材料专业学生，办学初期秉承"高等学校必须将创业技能和创新创业精神作为高等教育"的办学目标，针对"就业难"已成为影响我国高等教育发展的"瓶颈"因素，面对大学毕业生"就业难"的态势，学校把培养能创造工作岗位的毕业生作为己任，重视培养大学生的创业能力，引导大学生走自主创业、科技创业和艰苦创业之路。

在注重创新能力培养的同时，通过产学研基地的企业实践活动还使学生的创业思维和能力得到了加强。倪耀宇、耿超、张川是功能材料专业2015届毕业生，在学校组织的实践学习过程中，聆听优秀企业家创业经历和感人故事及实际社会活动的参与，使他们受到了职业化的熏陶，增加了创业自信心。在很多人的印象里，理工科毕业的学生应该都是搞技术的，很少有做生意赚钱的，但他们在大学二年级就开始接过父辈做了 20 多年的服装生意，用年轻人的态度和冲劲，打造男装原创 reallypoint 品牌，经过努力该品牌已成为中国第一个"轻潮流""快时尚"的国际大牌。通过电子商务运营模式营销他们的潮流服装，年销售额达到 2000 多万，现已成为 1688 平台上八大优秀商家之一。这是一种从"中国制造"到"中国品牌"的转变，更是两代服装人的一个传承！

你有过人的勇气、睿智的头脑、勤劳的双手，那么你一定可以创造机会。三位学长在大学生涯时期学习和不平凡的创业的经历，也为大学毕业后具有励志创业目标的学弟学妹们树立了好榜样，同学们纷纷表示，从他们身上看到了一种执着的信念和肯于吃苦的精神，将来不管创业也好，做新材料研发也好，都需要有像学长们那样的执着精神和坚定毅力。

回忆三位同学在学期间学习的过程中，虽然他们选择的专业是工科，但依然对市场营销有着浓厚的兴趣，大三时，就因每月都能赚钱而成为系里的"风云人物"。最初很难处理好学习与经商的关系，上课不认真听讲、时有旷课、作业不按时完成，老师发现这些问题，正确引导并对创业想法加以鼓励，帮助他们分析创业前景，大学生想要创业，就应抓住大学学习的各个阶段，学习思维模式，形成自己的人生观和价值观，思考自己的人生，设想自己今后的发展模式。大学是神圣的殿堂，是培养一个完善的人、一个健全的人的地方。我们做研究不只是为了学术成就或者是为了学习，是为了可以影响真实的世界。正是这种做事专注、逻辑思维缜密、善于研究发现问题的工科男，经过大学四年的学习，将电子商务更先进、更有效的充分运用互联网实现洽谈、交易、支付等实现市场营销，取得了巨大的成功。大学生活的终结是社会生活的开始，他们很好地完成了从一名学生到一个社会人的转变。

参考文献

1. 朱兆健，王菁，刘伟，寓思想教育于创业教育 努力提高高等学校人才培养质量，《高教学刊》，2016(2)：30－31

第6章
功能材料专业人才培养质量

6.1 优秀师资队伍

河北工业大学从 2001 年首届招生能源环境材料学生到 2016 年 2 届功能材料专业本科生毕业，经过多年的教学实践探索和检验，逐渐形成了以培养生态环境功能材料、新能源材料等战略性新兴产业复合型产业技术创新型人才的专业特色，以及产学研相结合、服务地方经济建设的专业建设模式；形成了一支学术研究与人才培养一体化发展的优秀师资队伍，教师业务水平及学科影响力显著提高。团队中 1 人被评为河北省省管优秀专家和河北省高校百名优秀创新人才，3 人被评为河北省三三三人才工程二、三层次人选，3 人被评为河北省高校中青年骨干教师。

团队教师主持承担了"十五"及"十二五"863 计划、"十一五"及"十二五"国家科技支撑计划重点项目课题和专题共 7 项；取得省部级以上成果 24 项，获国家技术发明二等奖、省部级科技进步二等奖 6 项；发表论文 182 篇，SCI 收录 65 篇；申请主要发明专利 43 项；发表了"新型能源与生态环境材料领域创新型人才培养模式的探索与实践"和"生态环境功能材料学科的兴起与发展动向""生态环境功能材料研究进展及复合型产业技术人才培养""Research and University Education in Ecological Environment Functional Materials in China"等多篇教学研究论文。近三年，获河北省教学成果二等奖 1 项，获得校级以上优秀教学质量奖及各种先进荣誉的教师占教师总人数 64.3%。团队教师的业务水平显著提高。

领衔建成中国仪器仪表材料学会生态环境功能材料专业委员会、中国民营科技促进会离子技术专业专家委员会、中国建筑材料工业协会生态环境建材分会、天津市硅酸盐学会生态环境功能材料专业委员会。教师中，7 人次分别在各委员会中担任秘书长、主任委员、副理事长（副主任）等领导职务。2007 年 10 月在北京承办了"第三届东亚离子技术应用国际论坛"，2008 年 10 月与中国建筑材料工业协会生态环境建材分会联合主办了"第三届（深圳）国际抗菌、负离子及远红外功能技术产品发展论坛"，2006 年 12 月还主办了天津市硅酸盐学会生态环境功能材料专业委员会成立暨学术报告会。师生代表在会议上进行了充分交流，取得优良成果。团队教师的学术影响力显著提高。

选派多名教师在专委会组织的 2014、2015 "生态环境功能材料及离子技术产业国际论坛"、国际学术研讨会上进行大会和专题邀请报告，进行新技术推介和展示活动，促进师生与国内外同行的交流与合作；每年安排 1~2 次全体师生参观功能材料专业展览会，开阔师生视野催生创新萌芽。2014 年 4 月师生共同参加了在北京举办的水展览及功能水学术研讨会，收获很大，学生们在感想中这样写到：在展览会和学术研讨会上开阔了眼界，看到了许多现代化的科技产品，学到了书本无法学到的知识和本领，长见识。

在国际会议 2009 International Forum on Ecological Environment Functional Materials and Ion Industry（China Xi'an - Korea Seoul）上，梁金生教授做大会特邀报告 "Research and University Education in Ecological Environment Functional Materials in China"（中文：中国生态环境功能材料研究与大学教育）；在 2014 中国功能材料科技与产业高层论坛（陕西 西安）上，梁金生教授作为主席主持了 "功能材料学科建设与人才培养论坛" 学术交流活动，并以 "聚焦战略性新兴产业，创建功能材料学科专业创新型人才培养体系" 为主题做了特邀报告，全面介绍了河北工业大学功能材料学科专业建设与人才培养情况，受到全国兄弟院校代表们的称赞；在 2015 中国（国际）功能材料科技与产业高层论坛（湖南 湘潭）上，梁金生教授应邀担任主席主持了 "生态环境功能材料主题论坛" 学术活动，并以 "尾矿资源利用与生态发展创新模式研究" 为主题做了大会特邀报告，取得了良好的学术声誉。

河北工业大学功能材料系年轻教师整体素质高，具有良好的团队合作精神，严谨治学，爱岗敬业，心系学生，教书育人。两名青年教师分别于 2014 年 8 月、2015 年 12 月赴美国 University of Washington、University of Michigan 做访问学者，与美方教授合作研究固态纳米孔道（Solid - state Nanopores）、矿物纤维材料，英语口语水平提高，对今后双语教学帮助很大；此外还有多名青年教师作为学校派出的企业科技特派员进行挂职锻炼，积累专业实践经验，提高了理论与实践结合的能力及指导学生毕业论文能力；一名新进教师于 2015 年申请国家青年基金 1 项，发表 SCI 收录（1 区）论文 1 篇，主讲专业课 "无机非金属材料概论" "材料物理性能" 2 门，专业选修课 "功能高分子材料" 1 门，导航课 "功能材料前沿讲座"；新进两名年轻教师已可独立带领学生完成认识实习和生产实习，他们分别指导学生完成大学生创新创业训练项目各一项；进校不到两年的青年教师在完成新进教师岗前培训及新教师助课任务后，在 2011、2012 级学生毕业设计中担任指导教师，指导学生 9 人；2015 年 2 人晋升教授职称、1 人晋升副研究员职称。

6.2　高水平产学研基地

基于 "服务生态环境功能材料、新能源材料等战略性新兴产业的功能材料专业科技创新人才" 的培养目标，河北工业大学建成了生态环境与信息特种功能材料教育部重点实验室、河北省材料科学与工程本科教育创新高地。已建成能源环境材料方向本、硕、博、博士后教育完整的人才培养体系，能源环境材料已成为我校材料物理与化学国家重点学科特色方向之一。

应用团队教师最新科研成果在山东、北京、天津、河北、江苏等地建成一批高水平产学研基地。如由本专业学术带头人等领衔创建的河北工业大学生态健康陶瓷材料产学研基地——淄博博纳科技发展有限公司、山东省海洋贝瓷有限公司，其产学研合作成果在 2015 年获山东省科技进步二等奖；2008 年河北工业大学和基地联合承担的"十一五"国家科技支撑计划重点项目"高性能非金属矿物材料的制备技术研究"课题及"十二五"国家科技支撑计划重点项目课题"日用陶瓷表面易洁抗菌功能化材料制备技术研究"获批立项；2009 年初学校与淄博国家级开发区管委会合作，依托该基地又新建了"生态环境与新能源功能材料"实验室；2015 年与天津市武清开发区合作，在津京科技谷建立了产学研实践基地。

上述高水平产学研基地建成以来，不仅为教师提供了科技创新与成果转化平台，还连续为 2001—2010 级能源环境材料、2011—2014 功能材料专业大学生提供了优质的认识实习、生产实习、实验、创新研究基地。基地还为毕业生提供了施展才华、实现自我的就业和创业沃土。近年连续多名学生在上述基地就业，多数毕业生已成为基地的技术骨干。

6.3 人才质量满足国家需求

大学生掌握了能源、环境、材料三个一级学科交叉与融合形成的基本理论知识体系及生态环境功能材料、新型能源材料等专门知识，具备创新型人才产生和成长的理论基础，满足国家发展循环经济及节能减排科技需求。学生的知识结构具有前瞻性，适应社会能力大幅增强。

学生的科研与实践锻炼充分，创新能力显著提高。大学三年级，学生开始进入创新型人才培养环节，在教师指导下参与科研项目研究工作，完成科研项目的"设计—准备—试验—结果分析—论文撰写—成果转化"全过程。2001—2014 级学生连续参加了"电化学制氧""锂离子电池正极材料磷酸亚铁锂研究""工业炉节能与环保用活化床技术开发及工业应用""节能矿物材料制备技术"等课题组的研究工作，其中，2001 级本科两名同学在参加了科研课题研究后，于 2005 年在广州召开的"能源环境材料国际研讨会"上宣讲其学术论文，会后全文发表在《中山大学学报——自然科学版》上。2012—2016 级学生连续四年申报大学生创新创业训练计划项目及参加教师科研项目情况见表 6-1。大学生创新创业训练项目中国家级项目 8 项、省级 4 项、校级 5 项，在项目的实施过程中，同学们学会了设计试验、分析试验数据、得到试验结论、撰写了优秀的研究报告及学术论文，其中 1 篇论文被 SCI 收录，授权国家实用新型专利 2 项，申报国家发明专利 2 项。学生的科研与实践锻炼充分，创新能力显著提高。

经过功能材料教学与科研团队十余年潜心探索与实践，河北工业大学已连续培养能源环境材料本科生 10 届，其中功能材料专业 2015 年 7 月首届毕业生 33 人，攻读国内外著名大学硕士研究生 14 人，2 名毕业生经推免被清华大学录取；美国德州农工大学、德国卡尔斯鲁厄大学各录取 1 人；3 人创办了自己的企业；16 人一次成功就业。2016 届毕业生 28 人，其中考研学生 11 人，这些学生全部被国内外知名大学和研究机构录取攻读硕士学位，其余 17 人也一次成功就业。前两届毕业生主要在生态环境功能材料、新能源材料等功能材料专业领域从事科学研究、工程设计、技术开发、技术改造等工作，人才培养质量得到了社会普遍认可。

表6-1 近三年本专业学生参加各类科研项目情况汇总

序号	年度	项目名称	学生姓名	项目类型及等级	已取得的科研成果	学生继续深造情况
1	2013	矿物粉体材料红外发射性能测试装置研究	王猛、刘承喆	国家级大创项目	授权国家实用新型专利1项	刘承喆 贵州大学硕士研究生
2	2013	基于Hummer法制备石墨烯的优化及表征	张沛捷、孟少星、郝晓鸽、闫栝静	省级大创项目		郝晓鸽 清华大学推免硕士研究生 孟少星 清华大学研究生 史建超 北京航空航天大学推免硕士研究生 张沛捷 北京高压科学研究中心硕士研究生
3	2014	坐便器阻垢防垢装置研究	王辉、张卉、李家昂、郭寒寒	国家级大创项目	申请国家发明专利2项	王辉 北京理工大学硕士研究生 张卉 河北工业大学硕士研究生 李家昂 河北工业大学推免硕士研究生
4	2014	乳液微乳液粒径对吸光度的影响及测试粒径新方法	邓婧、胡天逸、周沐商、滕佳斌	省级大创项目	核心期刊论文1篇	邓婧 清华大学推免硕士研究生 胡天逸 德国卡尔斯鲁厄大学硕士研究生 周沐商 河北工业大学推免硕士研究生
5	2014	海泡石纳米纤维/泡沫碳复合材料的制备及吸附性能研究	杨慧毓、孙彤彤、路晓雅、魏朋、高敏	省级大创项目		杨慧毓 北京航空航天大学推免硕士研究生 高敏 中科院上海微系统所研究所推免硕士研究生
6	2014	电气粉体自发化性能测试方法及测试装置研究	刘晨、杨晓雪、赵立宽、刘玉超	校级大创项目	授权国家实用新型专利1项	刘晨 清华大学推免硕士研究生 赵立宽 天津大学硕士研究生
7	2014	泡沫碳高效制备石墨烯的方法研究	闫甜静、郝晓鸽	校级大创项目		郝晓鸽 清华大学推免硕士研究生 张沛捷 北京高压科学研究中心硕士研究生
8	2014	凹凸棒石胶黏剂填料的性能优化	郭柳汶、张晓波	教师科研项目	核心期刊论文1篇	张晓波 北京科技大学硕士研究生

（续）

序号	年度	项目名称	学生姓名	项目类型及等级	已取得的科研成果	学生继续深造情况
9	2014	250Wh/Kg高比能量锂离子动力电池研究与开发	王江峰	教师科研项目	发表论文1篇（SCI收录）	王江峰：河北工业大学硕士研究生
10	2015	矿物粉体材料隔热效果测试方法及装置研究	于凯华、董凤刘晓萌、姜胜杰	国家级大创项目		刘晓萌：中科院理化所推免硕士研究生于凯华：北京理工大学推免硕士研究生
11	2015	凹凸棒石表面改性及性能研究	高敏、刘紫薇、王兴宇	教师科研项目		高敏：中科院上海微系统研究所推免硕士研究生刘紫薇：天津大学推免硕士研究生王兴宇：北京科技大学硕士研究生
12	2016	船舶用多组分清洁燃料系统研制及开发	陈玺光	国家级大创项目		
13	2016	黏土矿物作为脲醛树脂胶黏剂填料对胶合板强度及抑制游离甲醛释放行为的研究	王萱	国家级大创项目		王萱：国家纳米技术与工程研究院硕士研究生
14	2016	纳米氧化锌阵列抗菌剂	刘添彭	国家级大创项目		
15	2016	新型含电气石脱硝系统的研制	刘瑞博	国家级大创项目		
16	2016	利用铁尾矿制备多孔生物陶粒及性能研究	徐汝达、闫锁嫩、秦靖	国家级大创项目	河北省"挑战杯"竞赛一等奖	徐汝达：北京理工大学推免硕士研究生
17	2016	进口大宗粮食产品有害生物分检便携装置	韩兵	省级大创项目		
18	2016	呼吸功能绿色墙体材料的制备及性能研究	王亚从	校级大创项目		王亚从：北京科技大学推免硕士研究生
19	2016	离子掺杂对LiNi0.5Mn1.5O4材料晶体结构与电化学性能的影响	宁利康	校级大创项目		
20	2016	离心式电渗透矿浆及污泥脱水技术及装置	周运美	校级大创项目		周运美：天津大学推免硕士研究生

功能材料创新型人才培养模式的建立，使人才培养质量显著提高；教师的业务水平和学术影响力、学科专业平台建设水平和持续创新能力明显加强，为地方经济建设提供创新科技与创新型人才的能力大幅增长。实现了高水平学术研究与创新型人才培养一体化发展。

通过创新型人才培养环节的训练与学习，学生创新思维与动手能力、对专业知识理解和认识、分析问题及解决问题的能力得到极大提升。毕业前夕 2015 届、2016 届学生张宇威、施哲朴、胡天逸等分别被美国、德国等著名大学录取攻读硕士学位研究生。在 2011级学生推免研究生工作中，2011 级功能材料专业，邓婧和刘晨同学接到清华大学 2015 级研究生拟录取通知、王辉与王翠晓同学接到北京理工大学 2015 级研究生拟录取通知。

学生的创业能力显著加强，社会竞争自信心提高。学生与教师一起在高水平产学研基地从事科研创新工作，受到企业家创业、创新精神熏陶和教育，加快了大学生以创业代替就业的思想转变。学生毕业论文题目 100％来自指导教师的科研项目，创新能力得到显著提高。例如，在创新创业教育实践学习中，同学们获得了人生启迪，2015 届毕生中，三位同学毕业后自主创办了自己的企业。

参考文献

（1）《河北工业大学关于制订 2015 版本科专业人才培养方案的意见》

（2）山本良一，环境材料［M］，北京：化学工业出版社，1997

（3）梁金生，等，生态环境功能材料学科的兴起与发展动向，《中国建材科技》，2009(3)：12－14

北京大学出版社材料类相关教材书目

序号	书　名	标准书号	主　编	定价	出版日期
1	材料成型设备控制基础	978-7-301-13169-5	刘立君	34	2008.1
2	锻造工艺过程及模具设计	978-7-5038-4453-5	胡亚民，华　林	30	2016.8
3	材料成形 CAD/CAE/CAM 基础	978-7-301-14106-9	余世浩，朱春东	35	2014.12
4	材料成型控制工程基础	978-7-301-14456-5	刘立君	35	2017.1
5	铸造工程基础	978-7-301-15543-1	范金辉，华　勤	40	2009.8
6	铸造金属凝固原理	978-7-301-23469-3	陈宗民，于文强	43	2016.4
7	材料科学基础（第2版）	978-7-301-24221-6	张晓燕	44	2015.5
8	无机非金属材料科学基础	978-7-301-22674-2	罗绍华	53	2016.6
9	模具设计与制造（第2版）	978-7-301-24801-0	田光辉，林红旗	56	2017.5
10	材料物理与性能学	978-7-301-16321-4	耿桂宏	39	2012.5
11	金属材料成形工艺及控制	978-7-301-16125-8	孙玉福，张春香	40	2013.2
12	冲压工艺与模具设计(第2版)	978-7-301-16872-1	牟　林，胡建华	34	2016.1
13	材料腐蚀及控制工程	978-7-301-16600-0	刘敬福	32	2014.8
14	摩擦材料及其制品生产技术	978-7-301-17463-0	申荣华，何　林	45	2015.3
15	纳米材料基础与应用	978-7-301-17580-4	林志东	35	2017.12
16	热加工测控技术	978-7-301-17638-2	石德全，高桂丽	40	2018.1
17	智能材料与结构系统	978-7-301-17661-0	张光磊，杜彦良	28	2010.8
18	材料力学性能（第2版）	978-7-301-25634-3	时海芳，任　鑫	40	2016.12
19	材料性能学(第2版)	978-7-301-28180-2	付　华，张光磊	48	2017.8
20	金属学与热处理	978-7-301-17687-0	崔占全，王昆林等	50	2012.5
21	特种塑性成形理论及技术	978-7-301-18345-8	李　峰	30	2015.8
22	材料科学基础	978-7-301-18350-2	张代东，吴　润	36	2017.6
23	材料科学概论	978-7-301-23682-6	雷源源，张晓燕	36	2015.5
24	DEFORM-3D 塑性成形 CAE 应用教程	978-7-301-18392-2	胡建军，李小平	34	2017.7
25	原子物理与量子力学	978-7-301-18498-1	唐敬友	28	2012.5
26	模具 CAD 实用教程	978-7-301-18657-2	许树勤	28	2011.4
27	金属材料学	978-7-301-19296-2	伍玉娇	38	2013.6
28	材料科学与工程专业实验教程	978-7-301-19437-9	向　嵩，张晓燕	25	2011.9
29	金属液态成型原理	978-7-301-15600-1	贾志宏	35	2016.3
30	材料成形原理	978-7-301-19430-0	周志明，张　弛	49	2011.9
31	金属组织控制技术与设备	978-7-301-16331-3	邵红红，纪嘉明	38	2011.9
32	材料工艺及设备	978-7-301-19454-6	马泉山	45	2017.7
33	材料分析测试技术	978-7-301-19533-8	齐海群	28	2014.3
34	特种连接方法及工艺	978-7-301-19707-3	李志勇，吴志生	45	2012.1
35	材料腐蚀与防护	978-7-301-20040-7	王保成	38	2014.1
36	金属精密液态成形技术	978-7-301-20130-5	戴斌煜	32	2012.2
37	模具激光强化及修复再造技术	978-7-301-20803-8	刘立君，李继强	40	2012.8
38	高分子材料与工程实验教程	978-7-301-21001-7	刘丽丽	28	2012.8
39	材料化学	978-7-301-21071-0	宿　辉	32	2017.7
40	塑料成型模具设计(第2版)	978-7-301-27673-0	江昌勇，沈洪雷	57	2017.1
41	压铸成形工艺与模具设计(第2版)	978-7-301-28941-9	江昌勇	52	2018.1
42	工程材料力学性能	978-7-301-21116-8	莫淑华，于久灏等	32	2013.3
43	金属材料学	978-7-301-21292-9	赵莉萍	43	2012.10
44	金属成型理论基础	978-7-301-21372-8	刘瑞玲，王　军	38	2012.10
45	高分子材料分析技术	978-7-301-21340-7	任　鑫，胡文全	42	2012.10
46	金属学与热处理实验教程	978-7-301-21576-0	高聿为，刘　永	35	2013.1
47	无机材料生产设备	978-7-301-22065-8	单连伟	36	2013.2
48	材料表面处理技术与工程实训	978-7-301-22064-1	柏云杉	30	2014.12
49	腐蚀科学与工程实验教程	978-7-301-23030-5	王吉会	32	2013.9
50	现代材料分析测试方法	978-7-301-23499-0	郭立伟，朱　艳等	36	2015.4
51	UG NX 8.0+Moldflow 2012 模具设计模流分析	978-7-301-24361-9	程　钢，王忠雷等	45	2014.8
52	Pro/Engineer Wildfire 5.0 模具设计	978-7-301-26195-8	孙树峰，孙术彬等	45	2015.9
53	金属塑性成形原理	978-7-301-26849-0	施于庆，祝邦文	32	2016.3
54	造型材料(第2版)	978-7-301-27585-6	石德全	38	2016.10
55	砂型铸造设备及自动化	978-7-301-28230-4	石德全，高桂丽	35	2017.5
56	锻造成形工艺与模具	978-7-301-28239-7	伍太宾，彭树杰	69	2017.5
57	材料科学基础	978-7-301-28510-7	付　华，张光磊	59	2018.1
58	功能材料专业教育教学实践	978-7-301-28969-3	梁金生，丁燕	38	2018.2

如您需要更多教学资源如电子课件、电子样章、习题答案等，请登录北京大学出版社第六事业部官网 www.pup6.cn 搜索下载。

如您需要浏览更多专业教材，请扫下面的二维码，关注北京大学出版社第六事业部官方微信（微信号：pup6book），随时查询专业教材、浏览教材目录、内容简介等信息，并可在线申请纸质样书用于教学。

感谢您使用我们的教材，欢迎您随时与我们联系，我们将及时做好全方位的服务。联系方式：010-62750667，童编辑，13426433315@163.com，pup_6@163.com，lihu80@163.com，欢迎来电来信。客户服务 QQ 号：1292552107，欢迎随时咨询。